高等职业教育教材

# 化工制图与测绘习题集

HUAGONG ZHITU YU CEHUI XITIJI

## 第四版

曹咏梅　熊放明　主编

胡　林　主审

化学工业出版社

·北京·

《化工制图与测绘习题集》第四版是《化工制图与测绘》第四版（曹咏梅、熊放明主编）的配套用书。

本习题集内容由齿轮油泵测绘和氧化锌生产实训车间测绘两个项目组成，题量和题目难易适中。齿轮油泵测绘项目包括齿轮油泵拆装及常用测量工具、基础绘图环境设置、计算机绘图基础环境设置、立体的投影、齿轮油泵零件轴测图绘制、齿轮油泵中的零件表达方法、齿轮油泵中的标准件与常用件、齿轮油泵零件图与装配图的识读与绘制等内容。氧化锌生产实训车间测绘项目包括熟悉氧化锌的生产过程、化工设备图的绘制与识读、化工工艺图的绘制与识读等内容。计算机绘图贯穿在各模块相应内容之中，配有部分习题立体图参考。

本习题集可作为高等职业教育化工类各专业的制图教学用书，也可作为相关工程技术人员的参考用书。

## 图书在版编目（CIP）数据

化工制图与测绘习题集 / 曹咏梅，熊放明主编.
4版. -- 北京：化学工业出版社，2025.4. --（高等职业教育教材）. -- ISBN 978-7-122-47402-5

Ⅰ. TQ050.2-44

中国国家版本馆 CIP 数据核字第 2025ZM2712 号

责任编辑：高　钰　　　　　　　　　　　装帧设计：刘丽华
责任校对：边　涛

出版发行：化学工业出版社（北京市东城区青年湖南街 13 号　邮政编码 100011）
印　　装：北京云浩印刷有限责任公司
787mm×1092mm　1/16　印张 6½　字数 158 千字　2025 年 7 月北京第 4 版第 1 次印刷

购书咨询：010-64518888　　　　　　　　售后服务：010-64518899
网　　址：http://www.cip.com.cn
凡购买本书，如有缺损质量问题，本社销售中心负责调换。

定　　价：24.00 元　　　　　　　　　　　　　版权所有　违者必究

# 前　言

　　本习题集是《化工制图与测绘》第四版的配套用书，采用新的《技术制图》《机械制图》等国家标准及有关行业标准；专门针对教材中各个模块精选习题，并对各知识点进行扩展和延伸；将计算机绘图内容融入各模块的相关任务中，许多习题既可手工绘图完成，又可使用计算机来完成；强化实践能力的培养，在绘图技能培养上将仪器绘图、徒手绘图、计算机绘图、读图、测绘几种技能贯穿始终，以适应高等职业教育的人才培养目标；习题集中配有部分习题的参考立体图，便于学生解题，有利于教师教学。

　　本习题集可作为高等职业教育化工类各专业的制图教学用书，也可作为职大、夜大、电大等相近专业制图教学用书或参考书。

　　本习题集由曹咏梅、熊放明主编，胡林主审。参加本习题集修订工作的有曹咏梅、熊放明、高永卫、陈慧玲、孟少明、李琴、陈艳、吴兴欢、唐前鹏等。

　　由于编者水平有限，习题集中难免存在缺点和疏漏，欢迎广大读者批评指正。

编　者

# 目　录

# 项目一　齿轮油泵测绘

## 模块一　齿轮油泵拆装及常用测量工具

### 1-1-1　思考并回答问题

1. 零件与我们常说的"物体"有何不同？

2. 什么是零件结构？什么是装配结构？请参照齿轮油泵零部件说明。

3. 在齿轮油泵中，泵盖与泵体之间为何要安装垫片？齿轮的齿顶与泵体容纳齿轮的孔之间在技术上有什么要求？

4. 在齿轮油泵中，主动齿轮轴端部是如何密封以防止油液向外泄漏的？

**1-2-1　字体练习**

化工制图题材料比例花键销滚动轴承机座弹簧油泵球阀钢

箱体齿轮轴皮带凸轮蜗轮轴承零件序号六角头螺栓开口销螺母密封装置

*1234567890*

*ABCDEFGHIJKLMNOPQRSTUVWXYZ*

**1-2-2 图线练习：在指定位置绘制并补全图线**

1. 改正下列图中尺寸注法的错误。

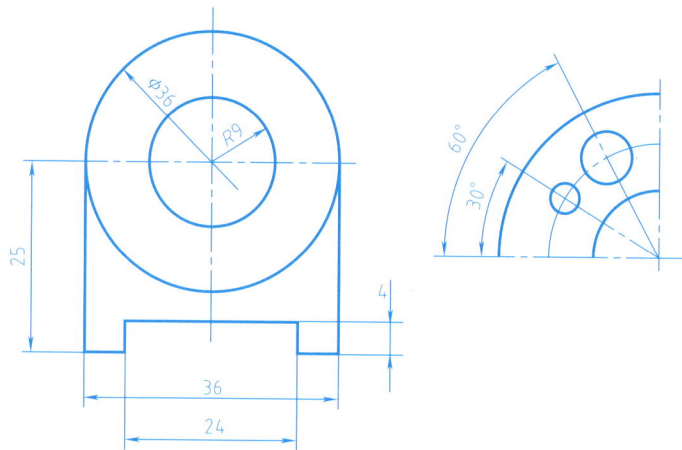

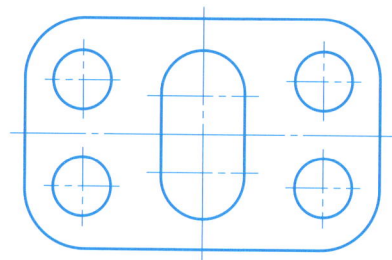

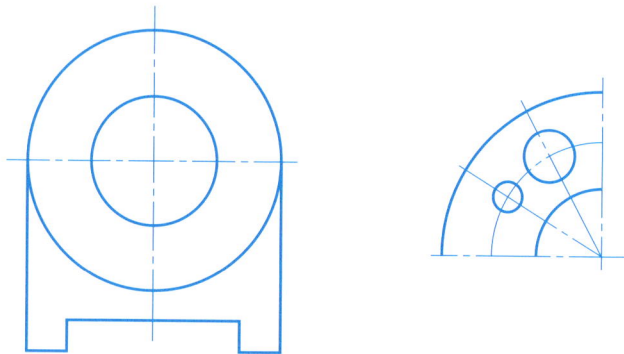

2. 标注下列图形的尺寸（数值从图中直接量取，取整数）。

（1）

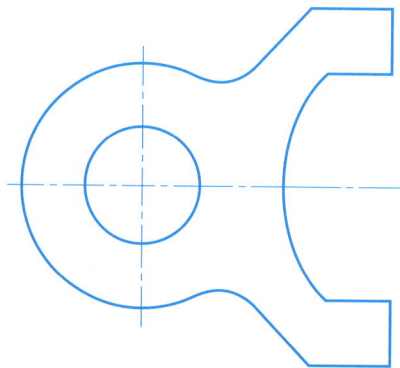

（2）

**1-2-4　等分圆周**

1. 作圆的内接正六边形。

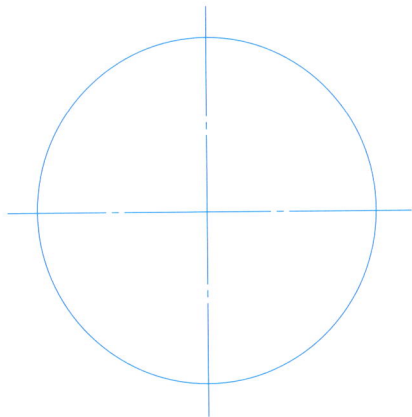

2. 在指定位置用 1：1 的比例绘制左图。

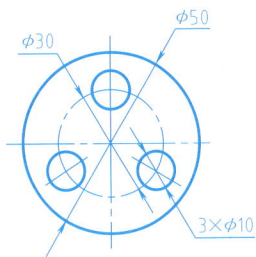

φ30　φ50

3×φ10

**1-2-5　斜度和锥度**

1. 按 1：1 的比例抄画图形，并标注尺寸。

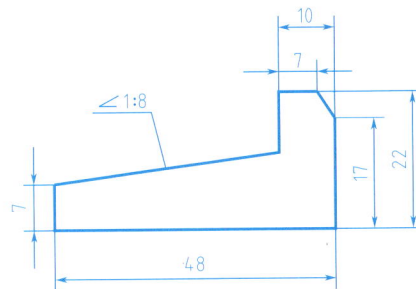

10

7

∠1:8

22

17

7

48

2. 按 1：1 的比例抄画图形，并标注尺寸。

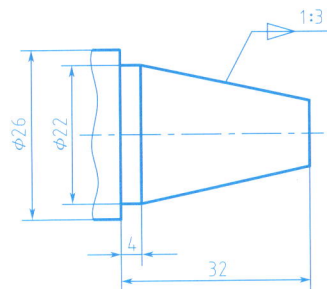

1:3

φ26　φ22

4

32

1. 参照小图中的尺寸，完成下列图形的线段连接（比例 1：1，保留作图辅助线）。

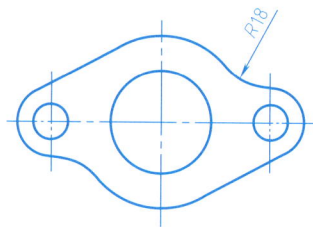

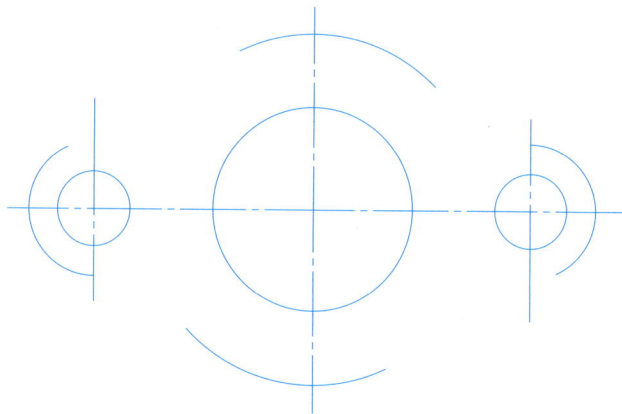

2. 参照小图中的尺寸，完成下列图形的线段连接（比例 2：1，保留作图辅助线）。

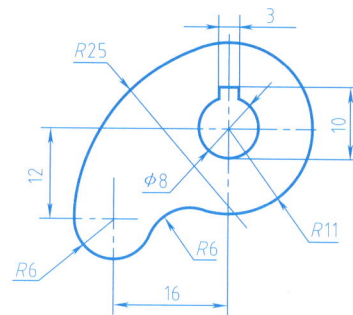

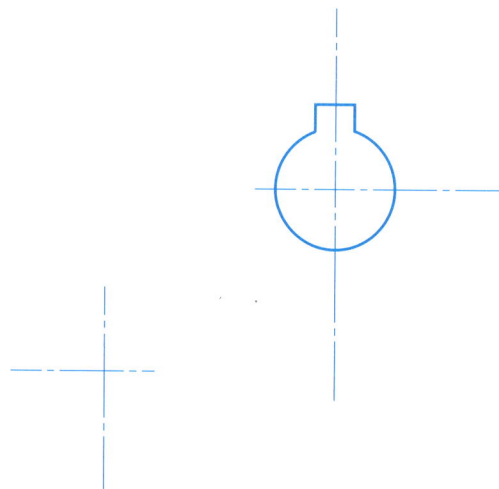

# 作 业 指 导

一、作业目的

1. 熟悉尺规作图的过程及尺寸标注方法。

2. 掌握线型规格及线段连接技巧。

二、内容与要求

用 A4 图纸，绘制右图，并标注尺寸。

三、绘图步骤

1. 分析图形。

分析图形中的尺寸作用及线段性质，从而决定作图步骤。

2. 画底稿。

（1）画图框和标题栏。

（2）画出图形的基准线、对称线及圆的中心线等。

（3）按已知线段、中间线段、连接线段的顺序作图。

（4）画出尺寸界线、尺寸线。

3. 检查底图，描深图形。

4. 注写尺寸数字，填写标题栏。

四、注意事项

1. 布置图形时，应考虑标注尺寸的位置。

2. 画底稿时，作图线应轻而准确，并应找出连接弧的圆心及切点。

3. 加深时按"先粗后细、先曲后直、先水平后垂直、倾斜"的顺序进行，尽量做到同类图线规格一致，线段连接光滑。

4. 箭头应符合规定，并且大小一致；不要漏注尺寸或漏画箭头。

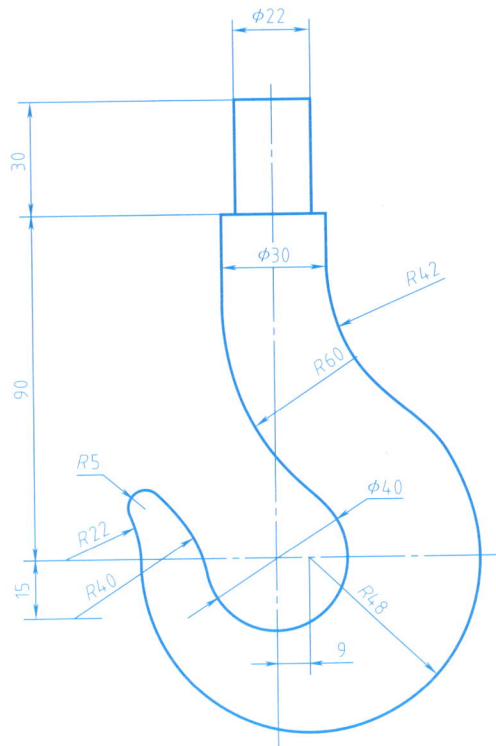

班级＿＿＿＿＿＿ 姓名＿＿＿＿＿＿ 学号＿＿＿＿＿＿

**1-2-8 徒手绘图练习**

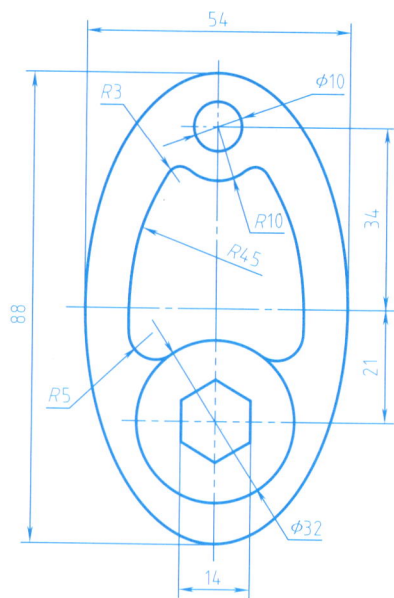

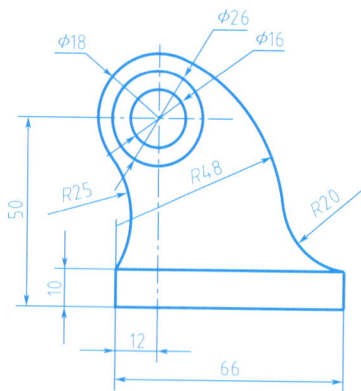

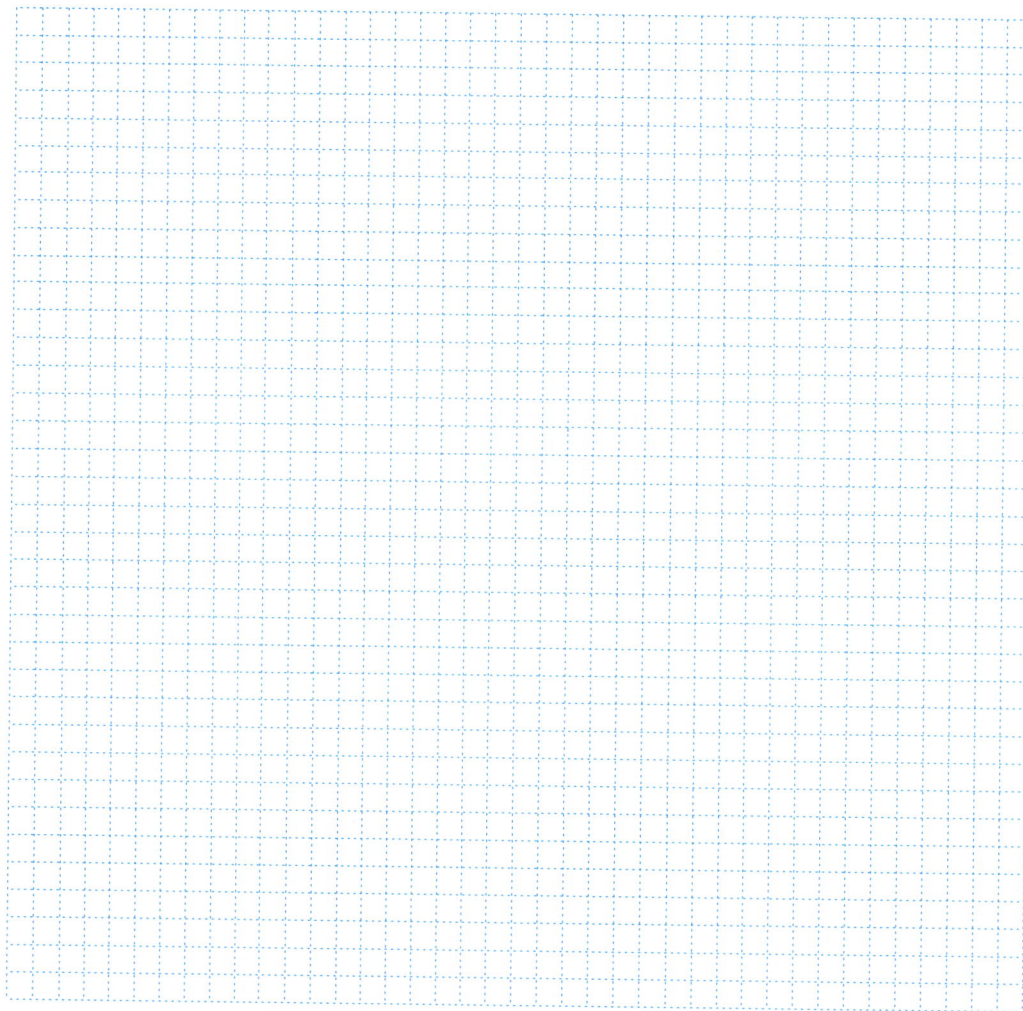

班级_____ 姓名_____ 学号_____

# 模块三 计算机绘图基础环境设置

## 1-3-1 创建一个图形样板

### 作 业 指 导

创建一个图形样板，要求如下。

1. 图纸为 A4 大小。

2. 设置粗实线、细实线、中心线和虚线层。

3. 设置文字样式。

汉字：isocp.shx，

大字体 gbcbig.shx，

字高 5，

宽度因子 0.707。

数字：isocp.shx，

字高 5，

宽度因子 0.707。

4. 设置标注样式。

5. 图框和标题栏如右图所示。

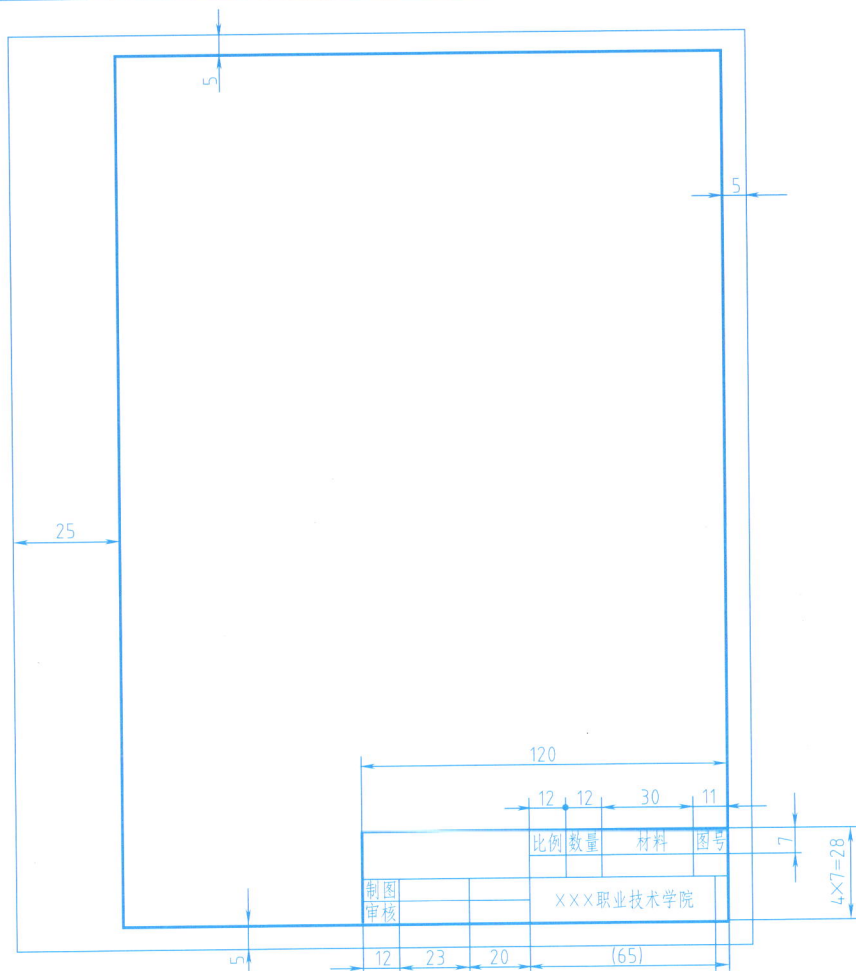

| 比例 | 数量 | 材料 | 图号 |
|---|---|---|---|
| 制图 | | | |
| 审核 | | ×××职业技术学院 | |

班级＿＿＿＿＿＿ 姓名＿＿＿＿＿＿ 学号＿＿＿＿＿＿

1. 按 1∶1 的比例绘制下图。

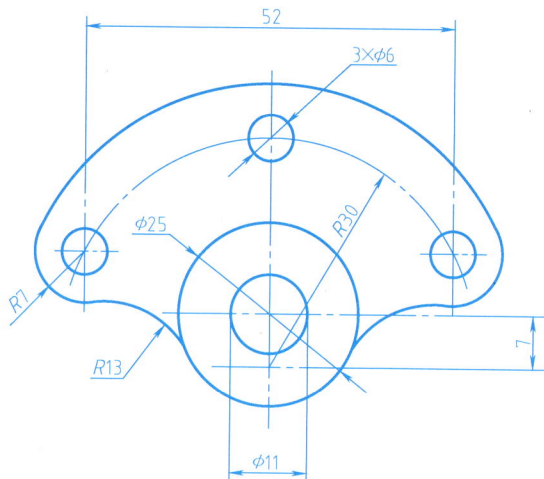

2. 按 1∶1 的比例绘制下图。

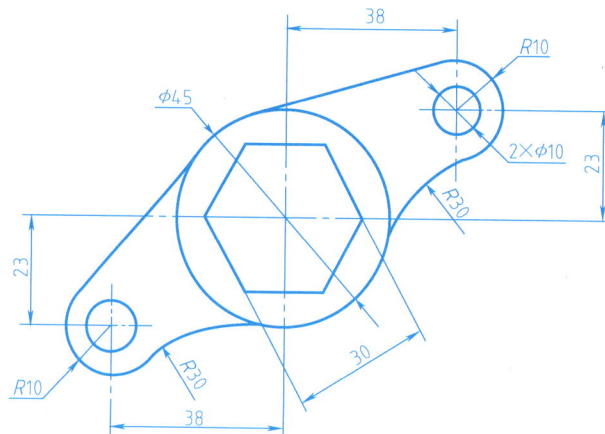

3. 按 1∶1 的比例画出下图。

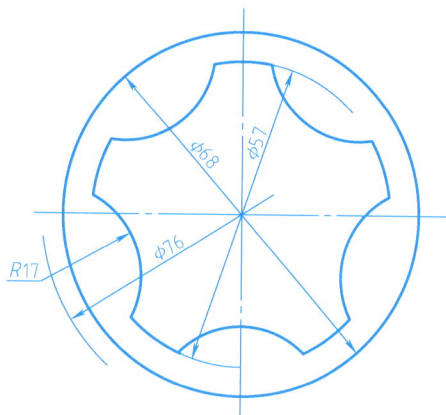

4. 绘制下列标志（大小自定）。

班级＿＿＿＿＿　姓名＿＿＿＿＿　学号＿＿＿＿＿

5. 按 1∶1 的比例绘制下图。

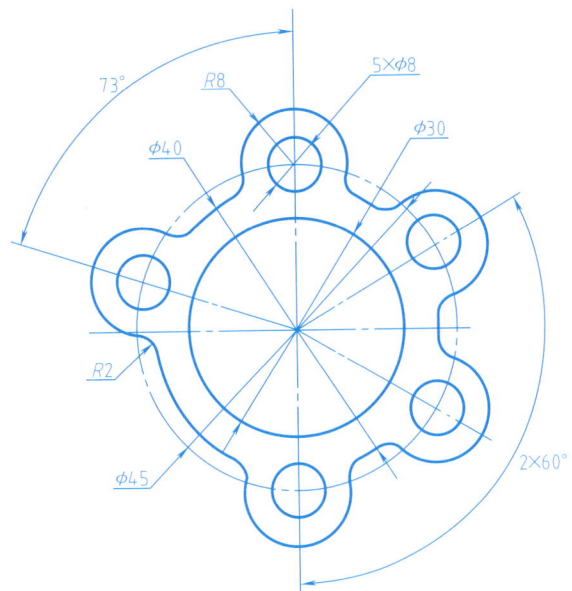

6. 按 1∶1 的比例绘制下图。

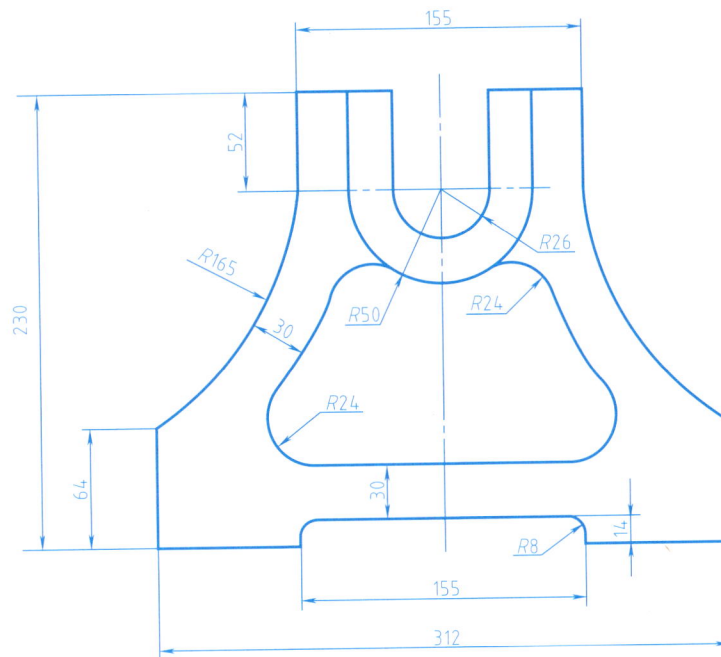

班级_____姓名_____学号_____

## 1-3-3 用 AutoCAD 绘制复杂平面图形

**1. 按 1:1 的比例绘制下图。**

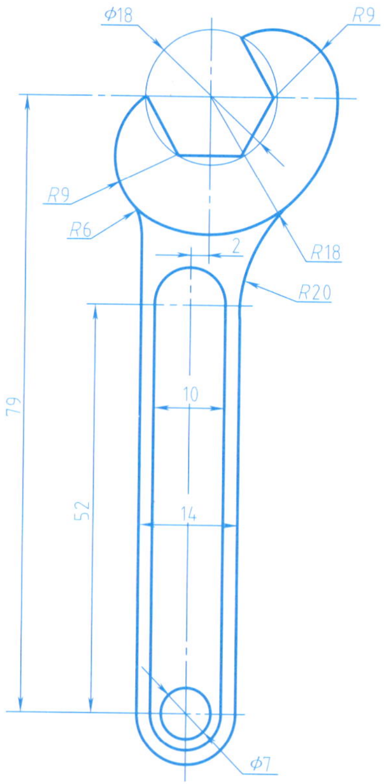

**2. 按 1:1 的比例绘制下图。**

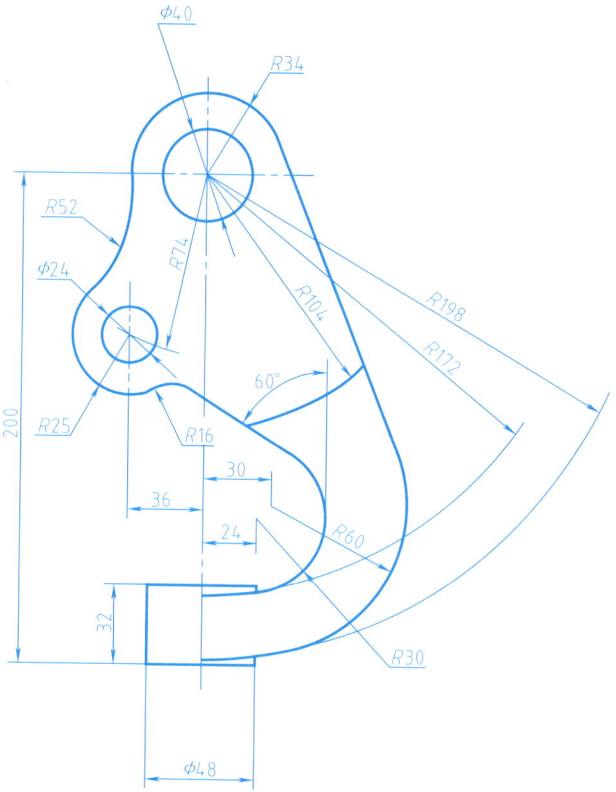

班级＿＿＿＿＿＿姓名＿＿＿＿＿＿学号＿＿＿＿＿＿

# 模块四　立体的投影

1-4-1　根据轴测图找投影图，在括号内填写相应的编号

A　　　　B　　　　C　　　　D　　　　E　　　　F

1.

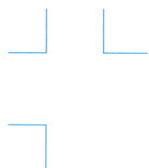

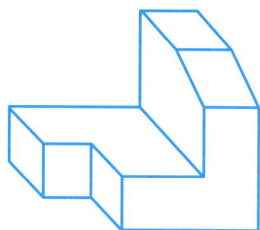

2.

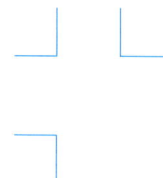

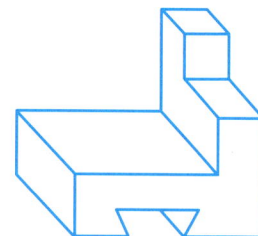

3.

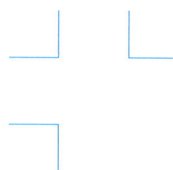

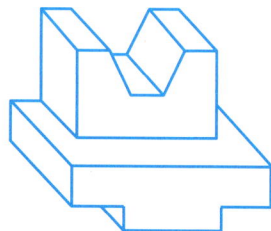

4.

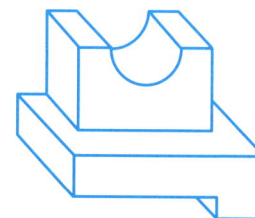

班级＿＿＿＿＿＿＿＿姓名＿＿＿＿＿＿＿＿学号＿＿＿＿＿＿＿＿

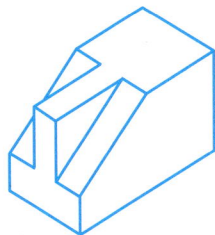

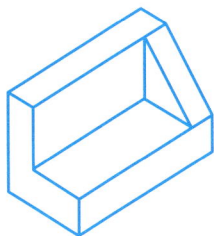

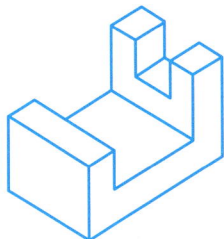

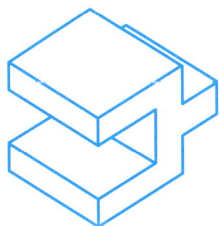

班级_____ 姓名_____ 学号_____

1. 按照立体图，作 A、B 两点的三面投影（坐标值从图中量取）。

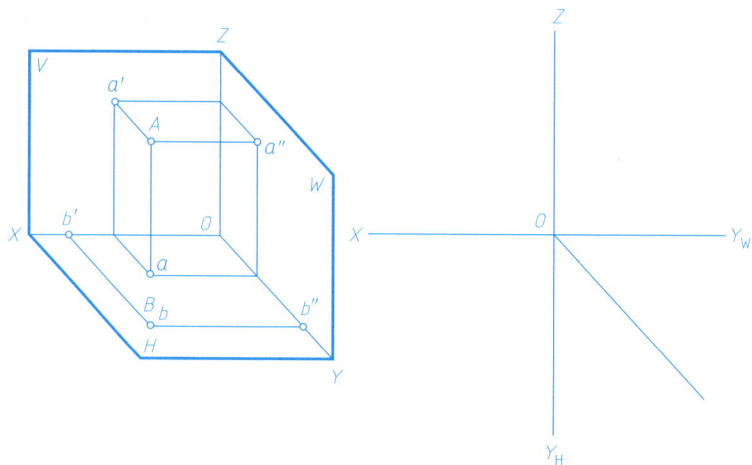

2. 已知空间点 B（20，15，10）和 C（15，10，15），作出两点的轴测图和投影图，并比较两点的相对位置。

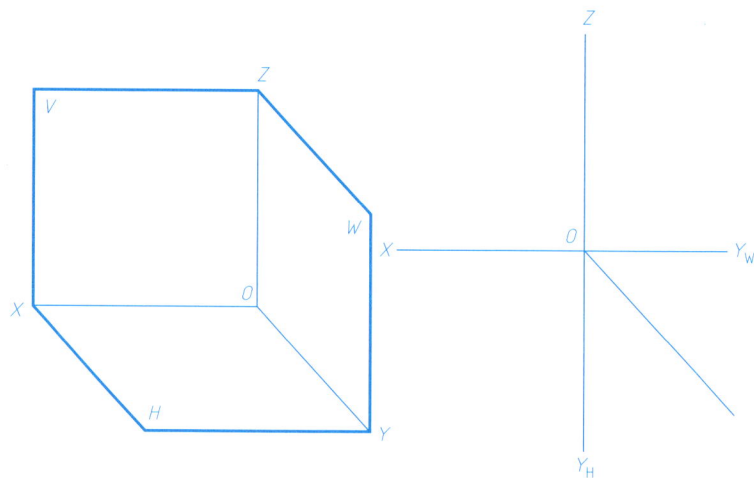

3. 已知点的两面投影，求作第三投影。

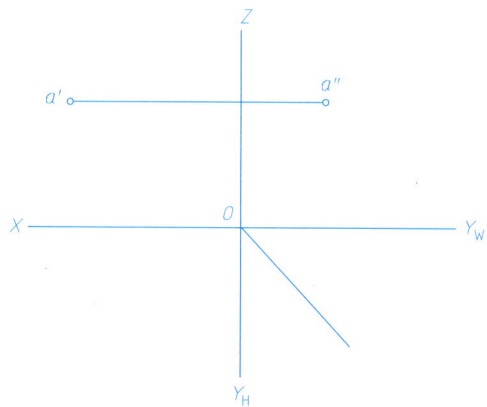

4. 在物体的投影中，标出 A、B、C、D、E 各点的投影。

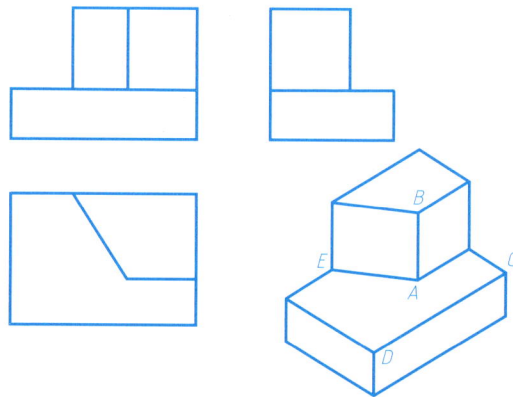

班级_____ 姓名_____ 学号_____

5. 已知 $C$ 点距 $H$ 面为 20，距 $V$ 面为 15，距 $W$ 面为 25，求 $C$ 点的三面投影。

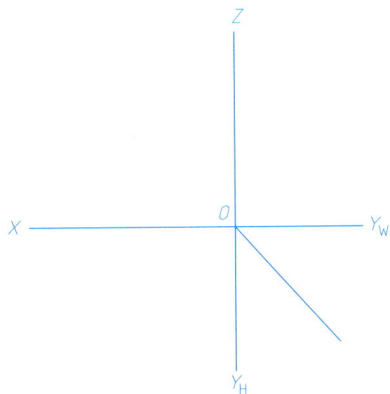

6. 求各点的第三面投影，并比较其相对位置。

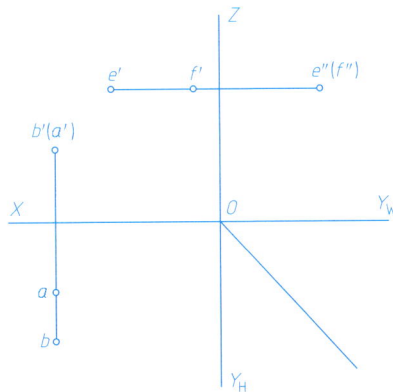

$A$ 点在 $B$ 点正____方____ mm，$E$ 点在 $F$ 点正____方____ mm。

7. 求作下列各点的三面投影。

（1）$B$ 点在 $A$ 点的正右方 10mm。

（2）$D$ 点在 $C$ 点的正上方 10mm。

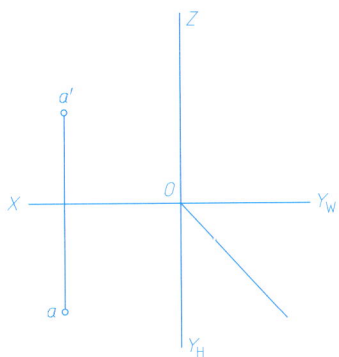

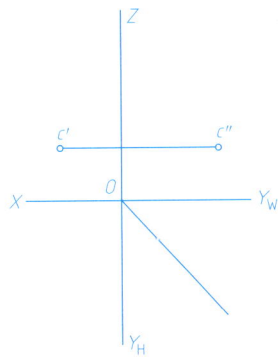

8. 根据点的相对位置作出 $B$、$C$ 两点的投影，并判别重影点的可见性。

（1）点 $B$ 在点 $A$ 之左 15mm、之前 7mm、之下 15mm。

（2）点 $C$ 在点 $A$ 的正右方 10mm。

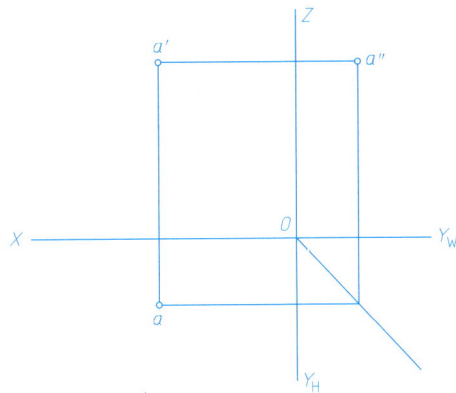

班级_____ 姓名_____ 学号_____

1. 已知直线 $AB$ 两端点的坐标 $A$（20，15，6），$B$（10，6，20）求作 $AB$ 的三面投影。

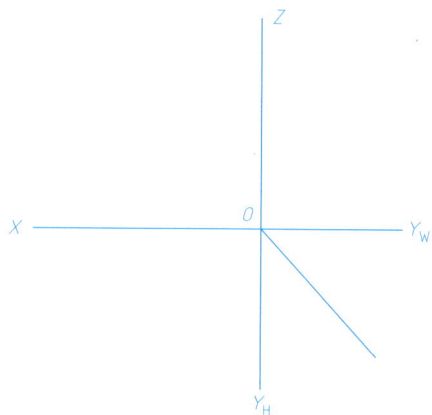

2. 已知正平线 $AB$ 的正面投影 $a'b'$ 及 $X_a$、$a''$，求作 $ab$ 和 $a''b''$。

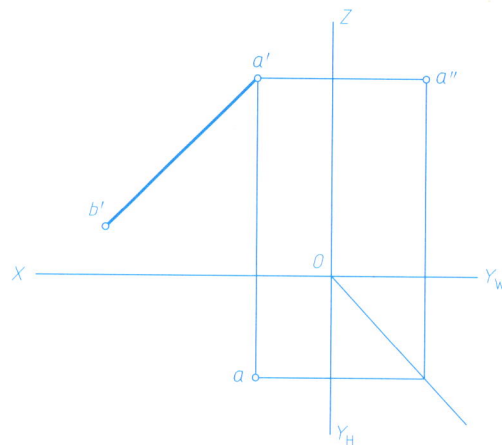

3. 已知正平线 $AB$ 端点 $A$ 的两面投影，端点 $B$ 在 $A$ 点的左上方，并位于左方15，$AB$ 长20，求作 $AB$ 的三面投影。

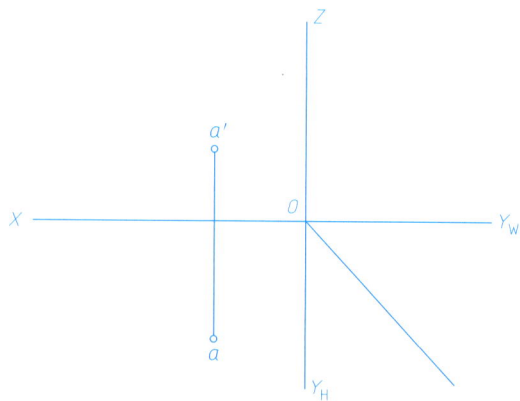

4. 已知正垂线 $AB$ 的正面投影和端点 $A$ 的水平投影，若端点 $B$ 到 $V$、$H$ 面的距离相等，求作 $ab$ 和 $a''b''$。

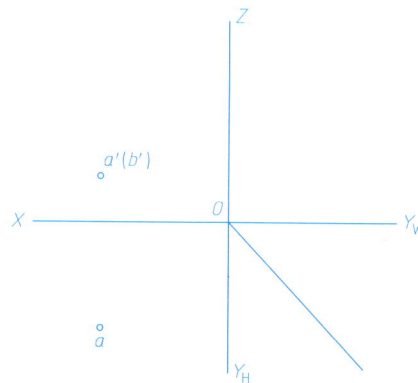

班级_____姓名_____学号_____

1. 在投影图和轴测图上注全 AB、CD 的投影符号，并说明其空间位置。

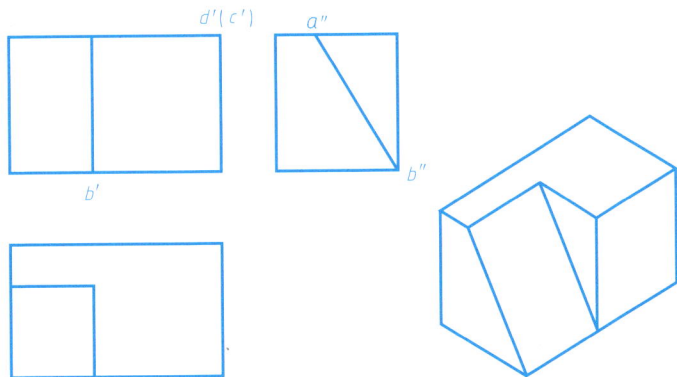

AB 是____线，CD 是____线

2. 在投影图上注全 SA、SB 的投影符号，并说明其空间位置。

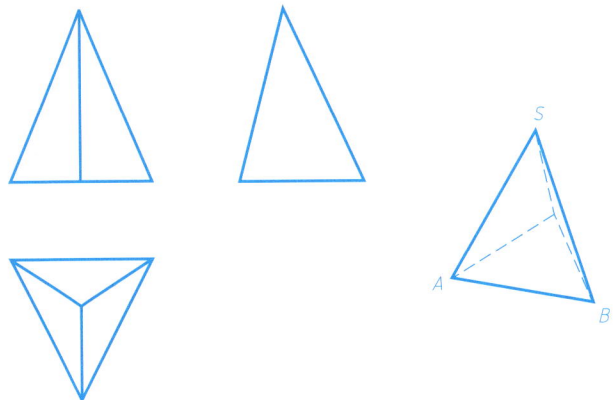

SA 是____线，SB 是____线

3. 在投影图和轴测图上注全 AB、BC 的投影符号，并说明其空间位置。

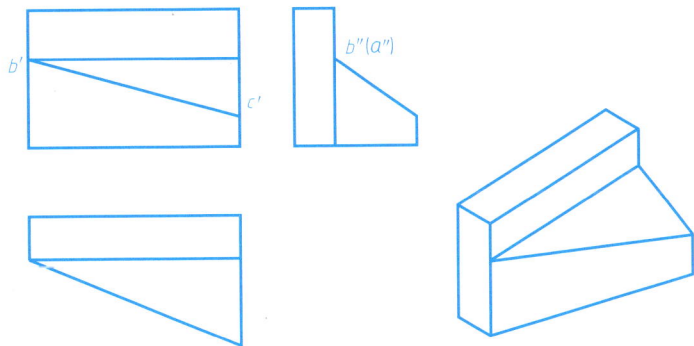

AB 是____线，BC 是____线

4. 根据某段管道的三面投影，画出其轴测图。

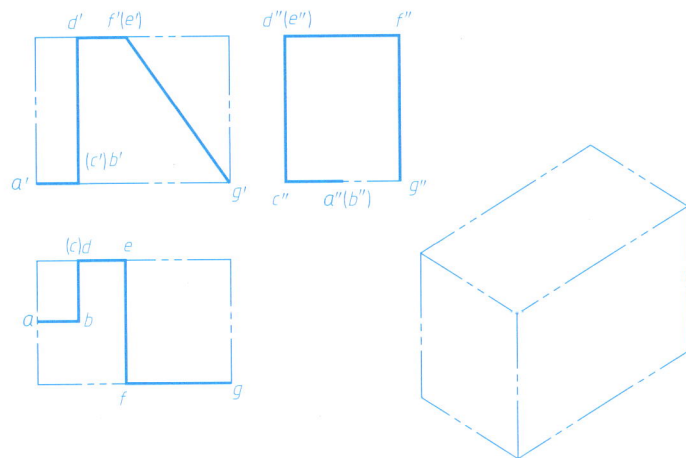

班级_____姓名_____学号_____

• **19** •

### 1-4-7 平面的投影

1. 已知三角形 $ABC$ 三个顶点的坐标 $A$（22，12，10）、$B$（4，17，20）、$C$（10，3，12），求作此三角形的三面投影。

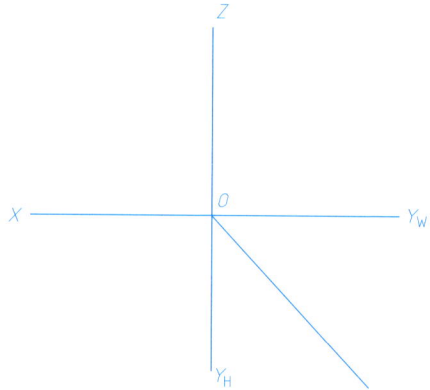

2. 已知平面的两个投影，求第三个投影，并判定其空间位置。

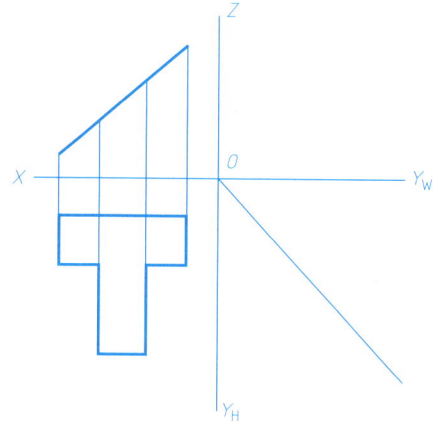

_____面

3. 判定下列平面的空间位置。

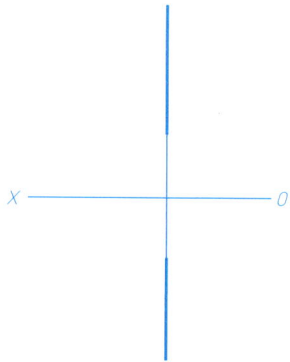

_____面

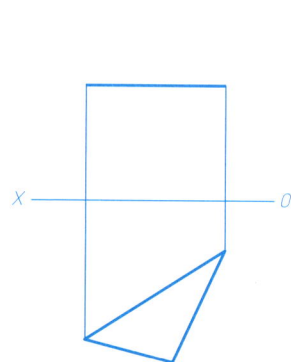

_____面

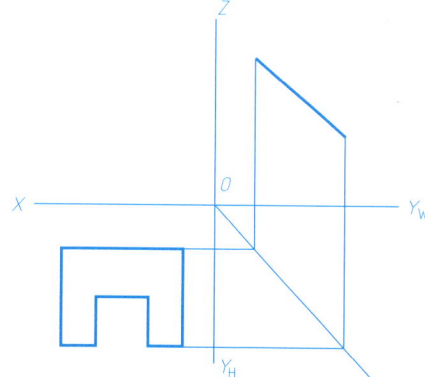

_____面

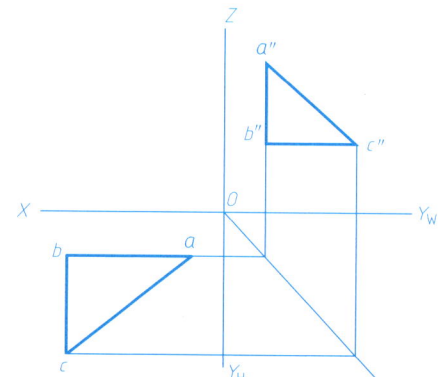

_____面

班级_____姓名_____学号_____

**1-4-8  指出给定平面在轴测图和投影图上的位置，并分析平面的空间位置**

1.

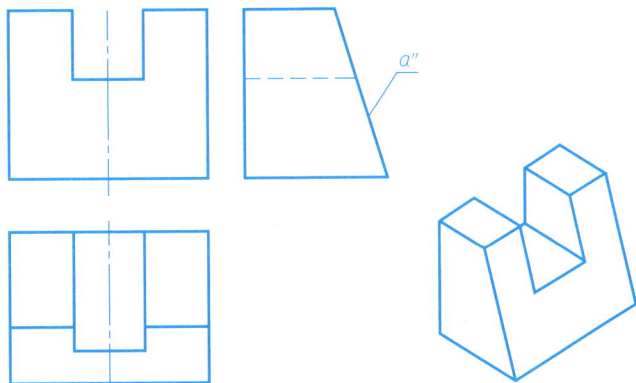

该平面是_____面

2.

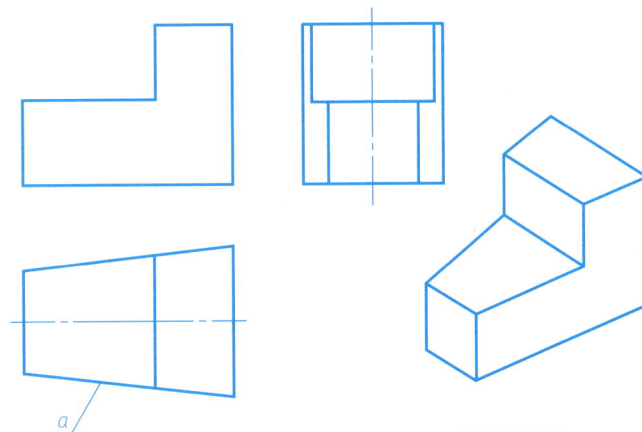

该平面是_____面

3.

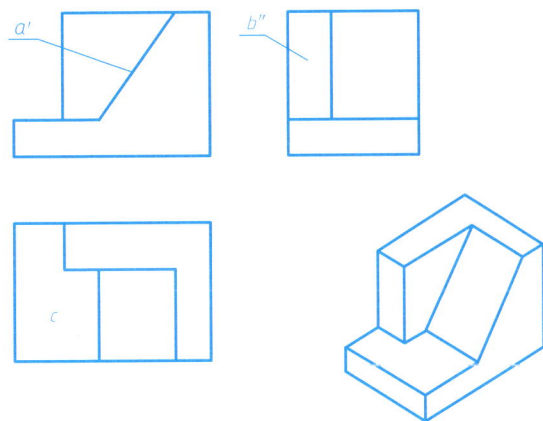

A 面是____面；B 面是____面；C 面是____面

4.

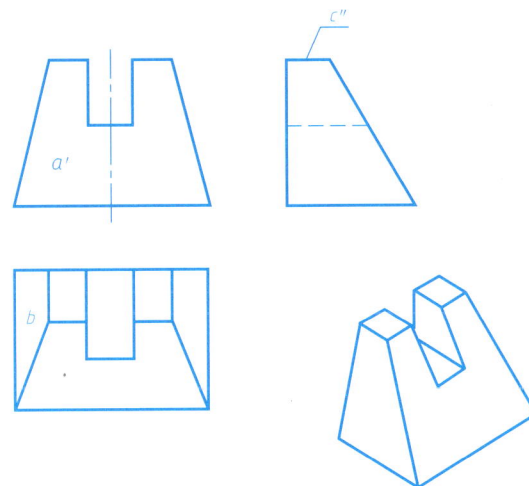

A 面是____面；B 面是____面；C 面是____面

班级_____ 姓名_____ 学号_____

1. 判定点 $M$ 是否在平面△ABC 上。

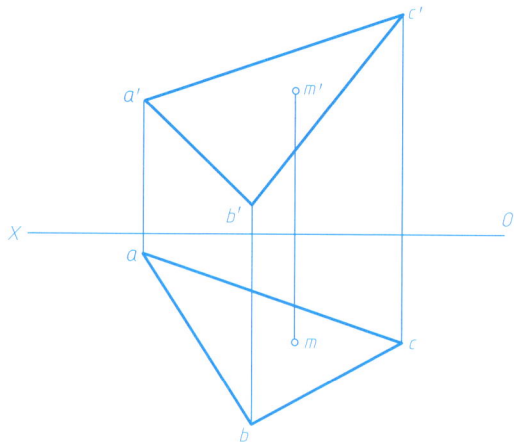

2. 完成△ABC 的侧面投影，并画出△ABC 上点 $M$ 的三面投影。

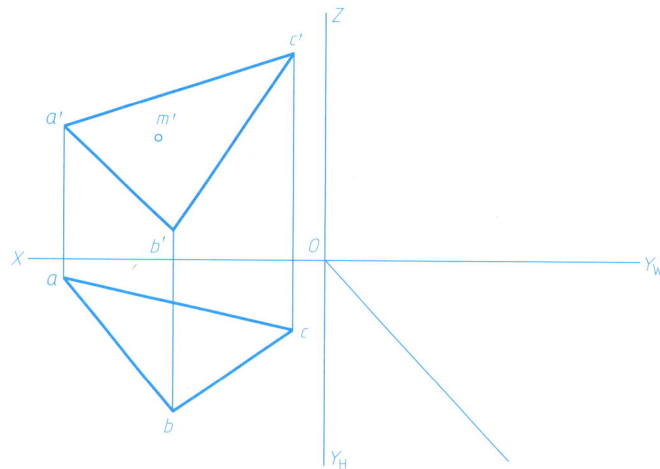

3. 在△ABC 内确定一点 $K$，使 $K$ 距离 $H$ 面 14mm，距离 $V$ 面 13mm。

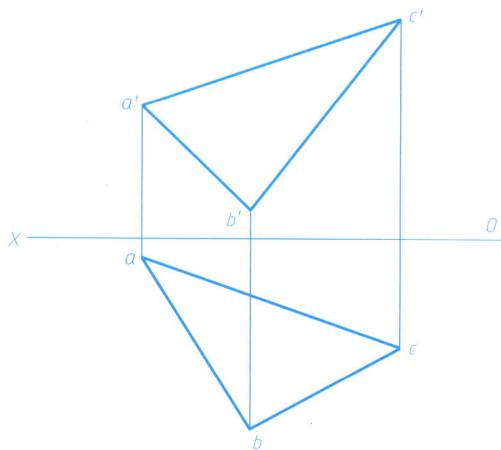

4. 完成平面图形 ABCD 的正面投影。

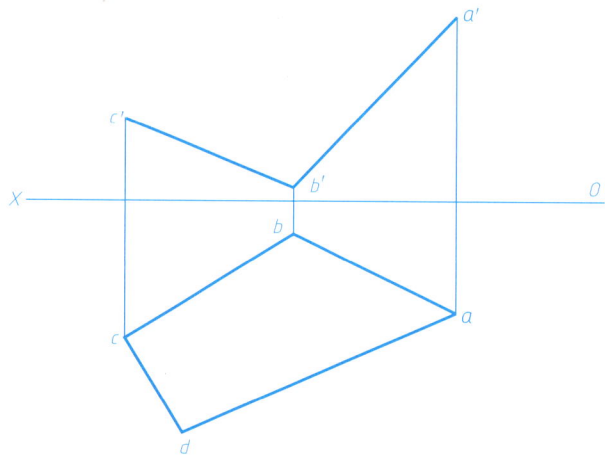

班级＿＿＿＿＿　姓名＿＿＿＿＿　学号＿＿＿＿＿

**1-4-10** 补画平面立体的第三个视图，并求作立体表面上点的另外两个投影

1.

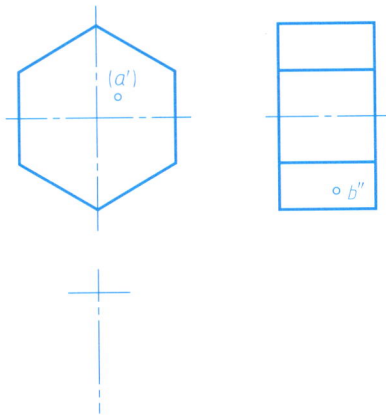

2.

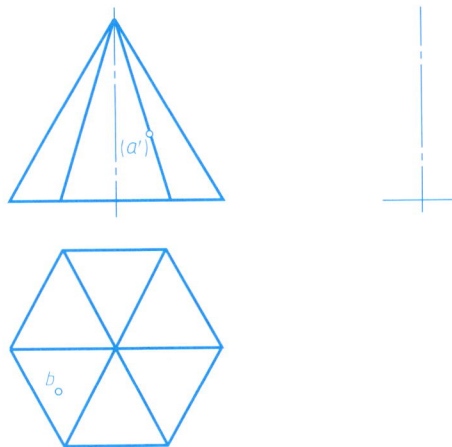

3.

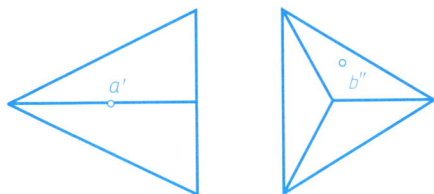

4.

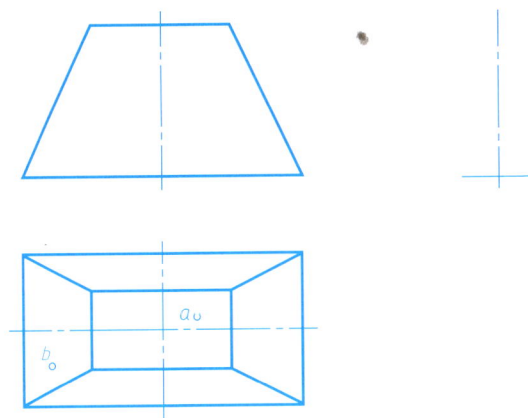

1-4-11 补画曲面立体的第三个视图，并求作立体表面上点的另外两个投影

1.

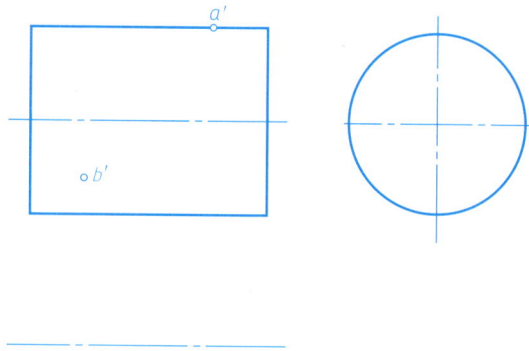

2.

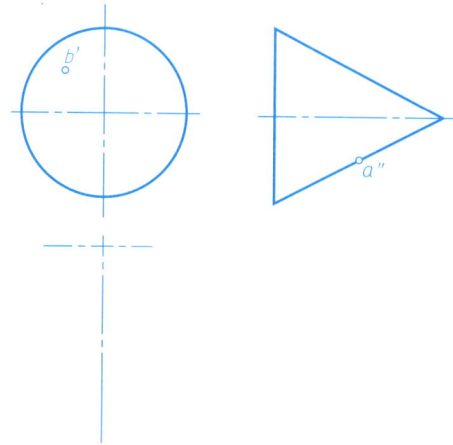

3.

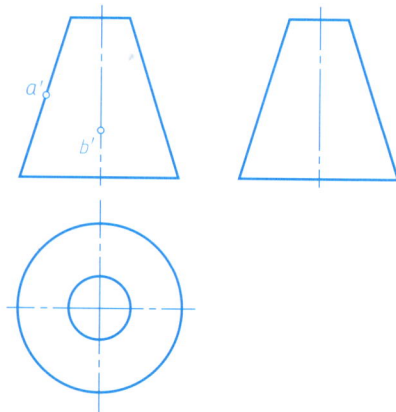

4.

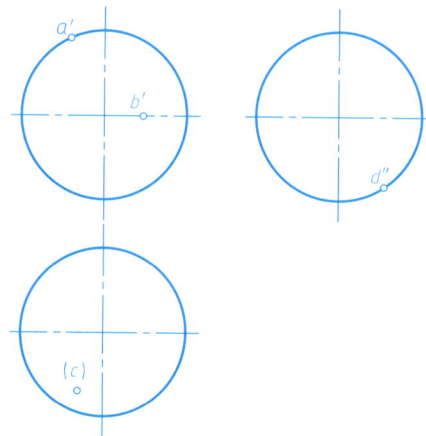

**1-4-12  补全立体的三视图**

1.

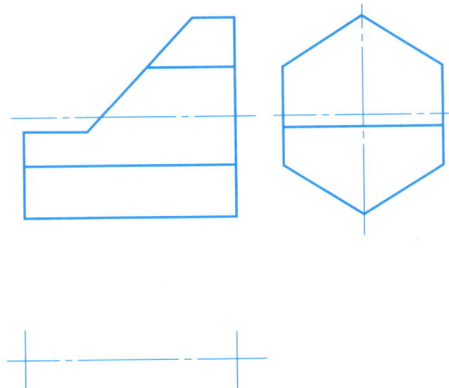

2.

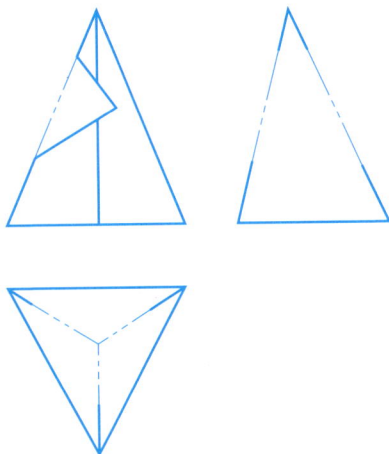

3.

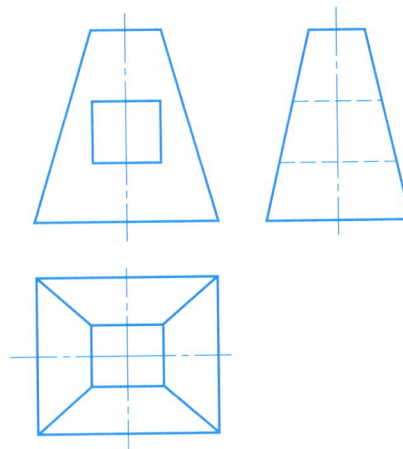

4.

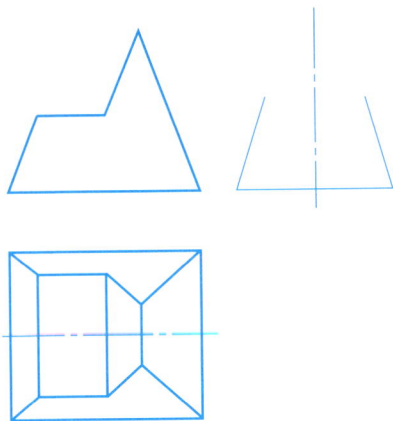

5.

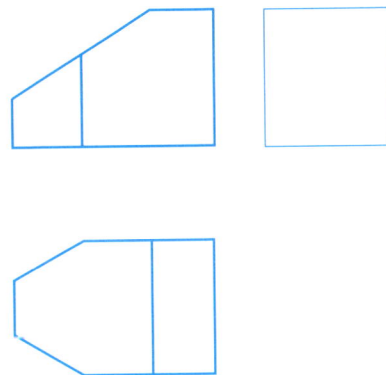

6.

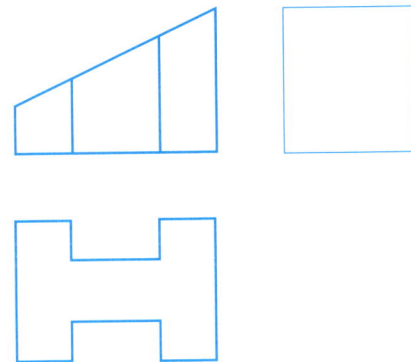

**1-4-13** 求作截交线，补全第三视图

1.

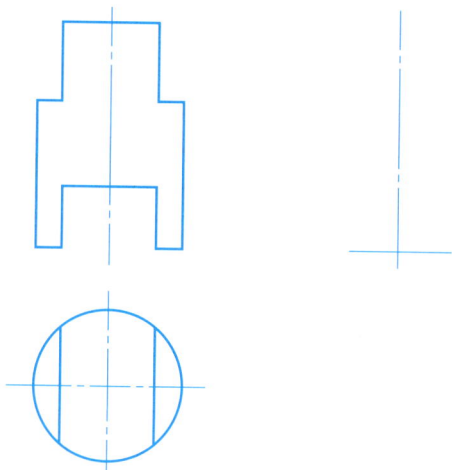

2.

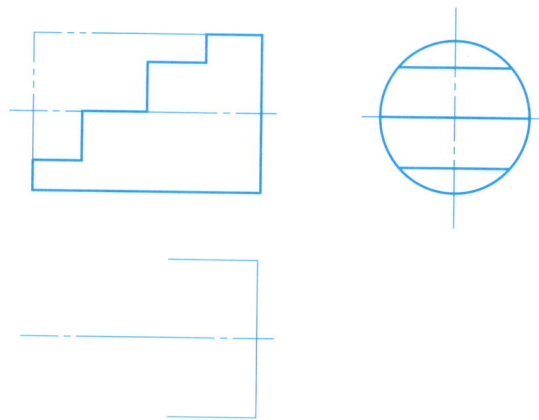

3.

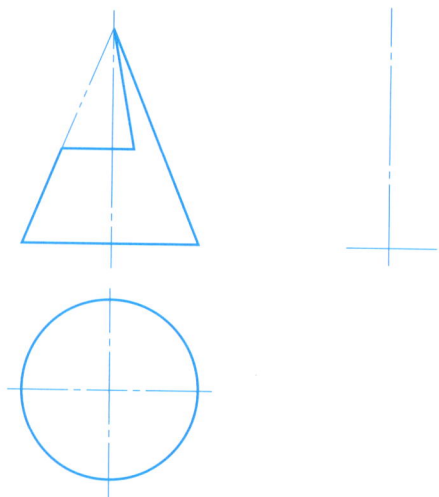

4.

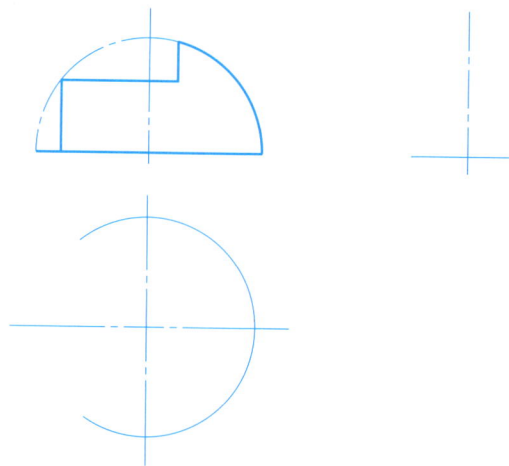

**1-4-14　求作相贯线，补全视图**

1.

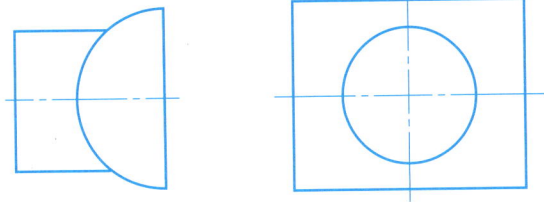

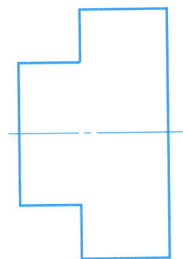

2.

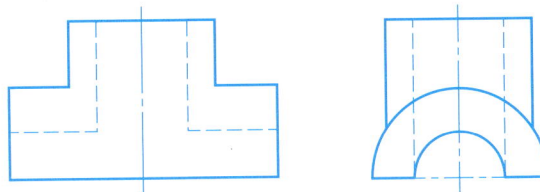

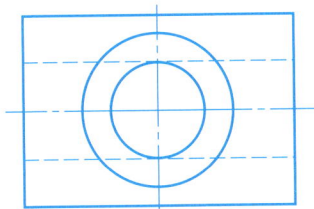

3.

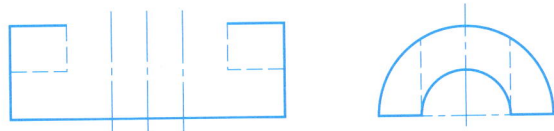

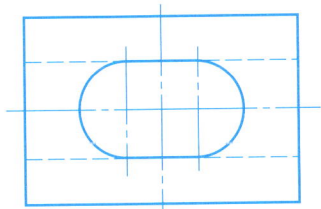

4.

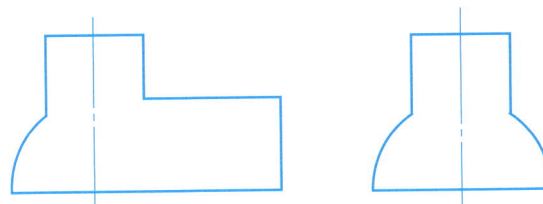

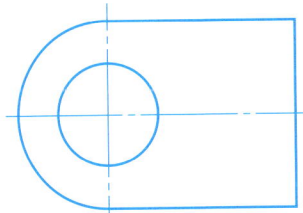

1.

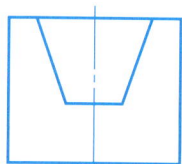

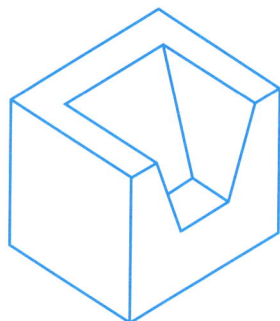

2.

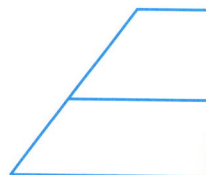 

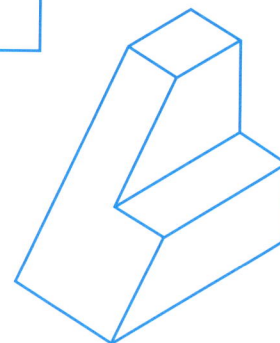

3.

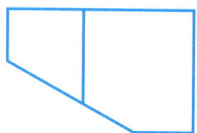

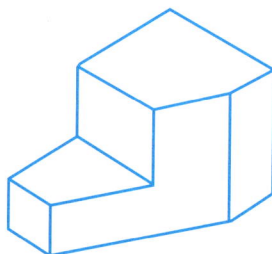

4.

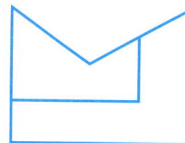

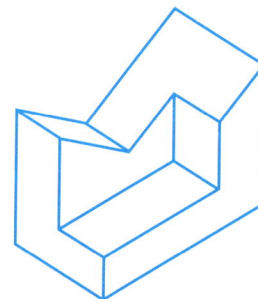

班级_____ 姓名_____ 学号_____

**1-4-16 根据轴测图，补画视图中所缺的图线**

1.

2.

3.

4.

**1-4-17** 根据轴测图，画组合体三视图并标注尺寸（尺寸从轴测图中量取）

1.

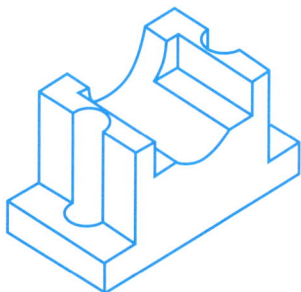

2.

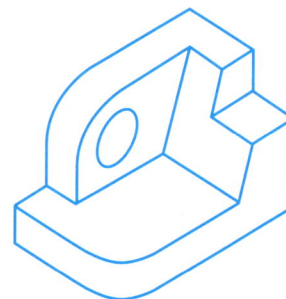

班级_____ 姓名_____ 学号_____

1.

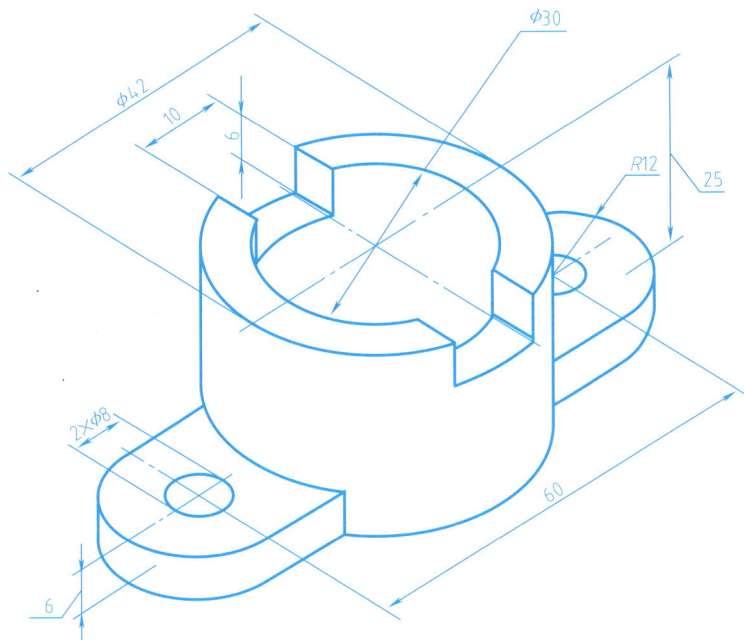

2.

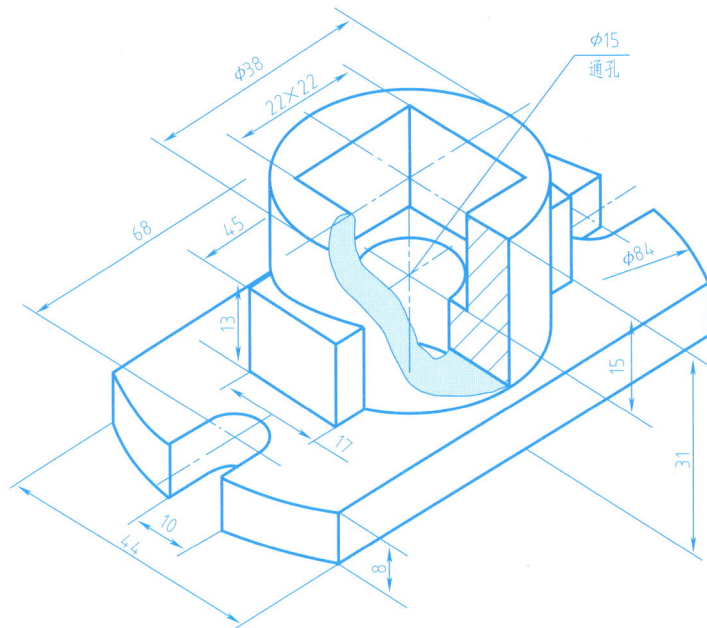

1.

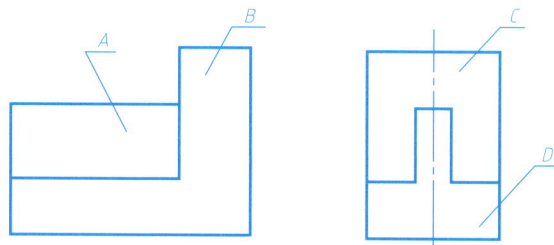

A 面位于 B 面（前、后）
C 面位于 D 面（左、右）

2.

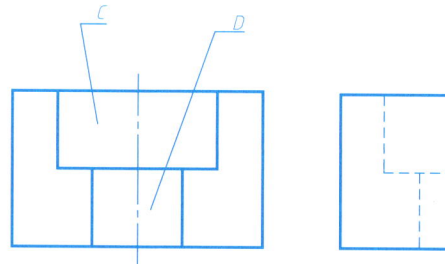

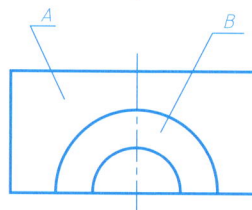

A 面位于 B 面（上、下）
C 面位于 D 面（前、后）

3.

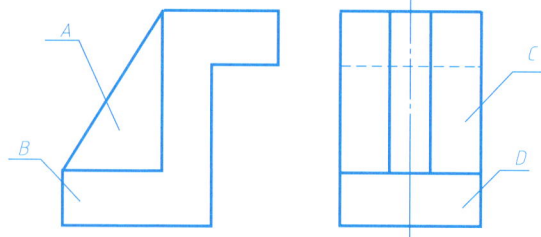

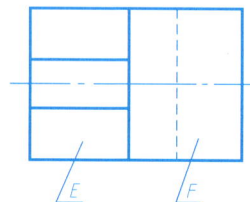

A 面位于 B 面（前、后）
C 面位于 D 面（左、右）
E 面位于 F 面（上、下）

4.

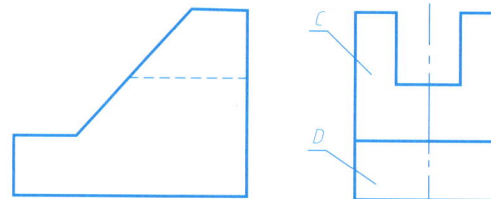

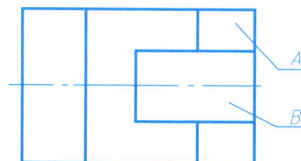

A 面位于 B 面（上、下）
C 面位于 D 面（左、右）

1-4-20　根据给定的主、左视图，找出正确的俯视图

1.

　A

　B

　C

　D

2.

　A

　B

　C

　D

3.

　A

　B

　C

　D

**1-4-21** 根据给定的两个视图，补画第三个视图

1.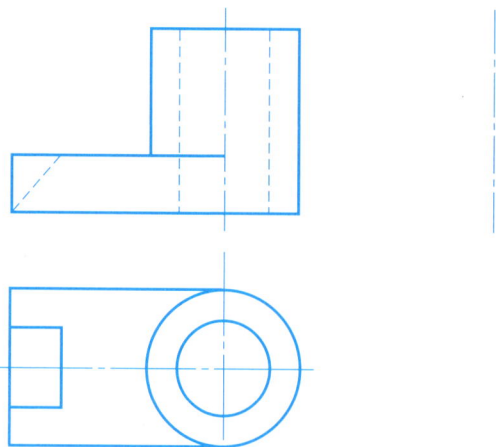

2.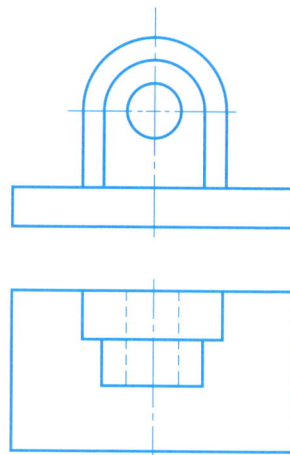

3.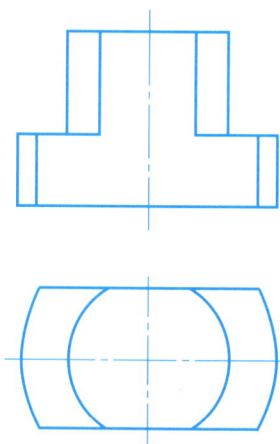

4.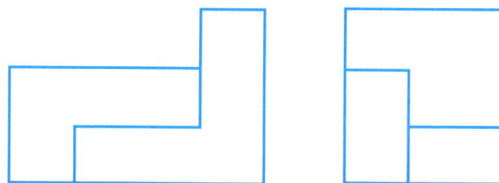

**1-4-21** 根据给定的两个视图，补画第三个视图（续）

5.

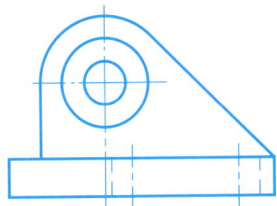

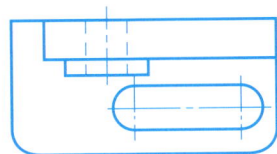

6.

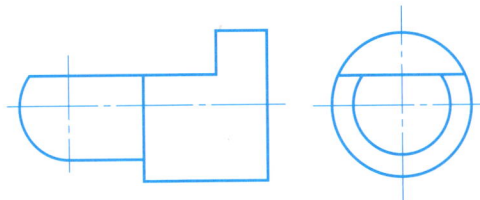

7.

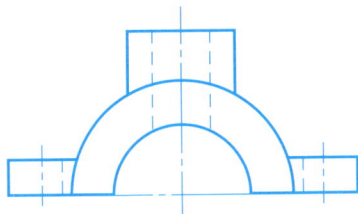

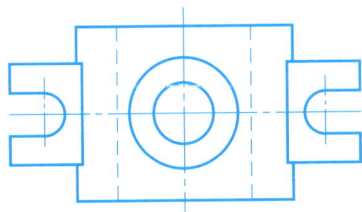

8.

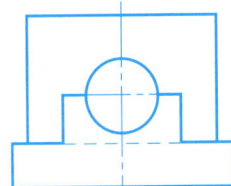

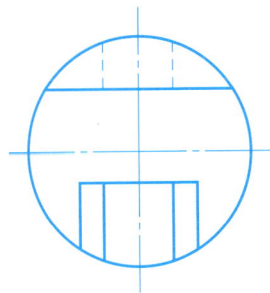

班级＿＿＿＿＿　姓名＿＿＿＿＿　学号＿＿＿＿＿

**1-4-22    补画视图中所缺的线**

1.
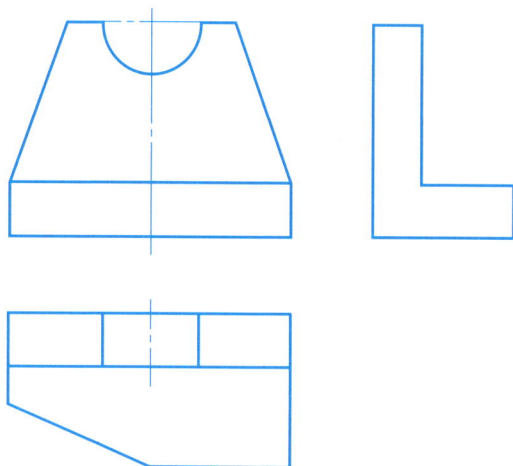

2.
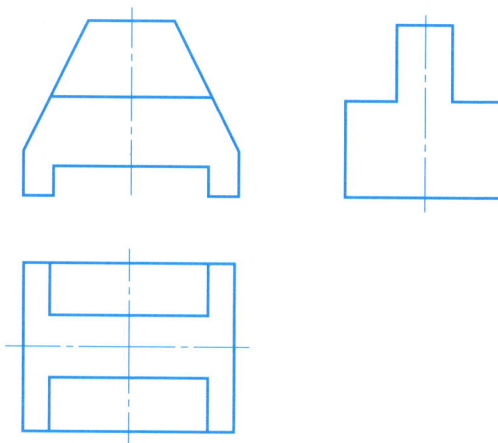

3.
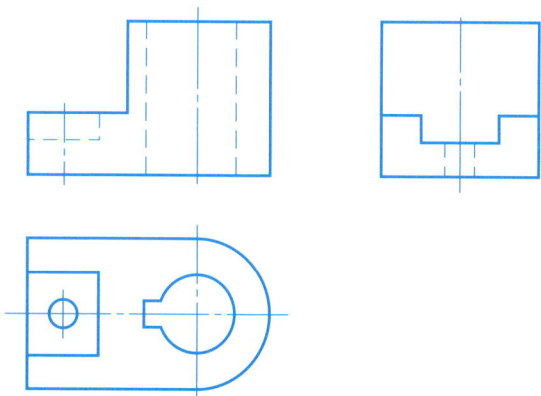

4.
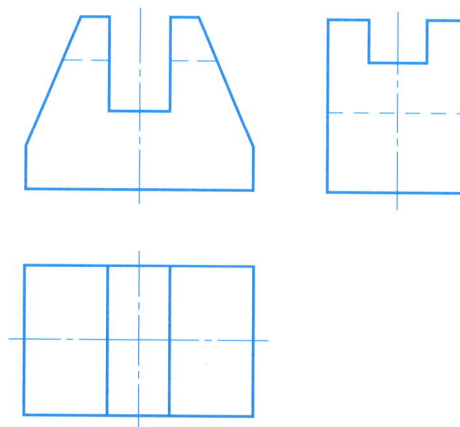

**1-4-23　根据一个视图，想象出五个组合体，补画出主视图**

1.

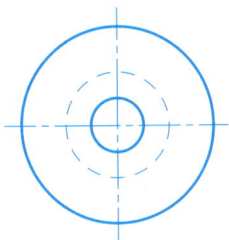

2.（要求具有四个基本体）

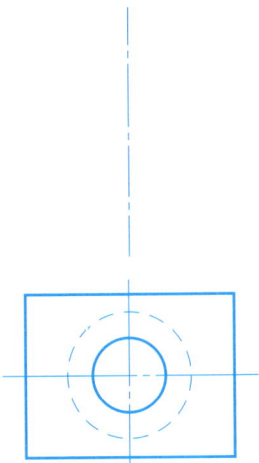

班级_____　姓名_____　学号_____

**1-4-24　用 AutoCAD 绘制组合体三视图，并标注尺寸**

1.

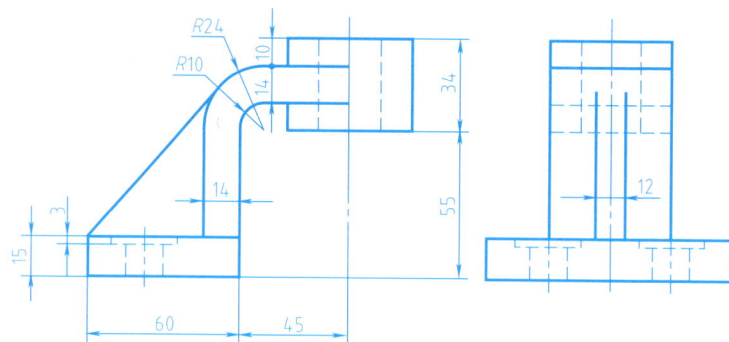

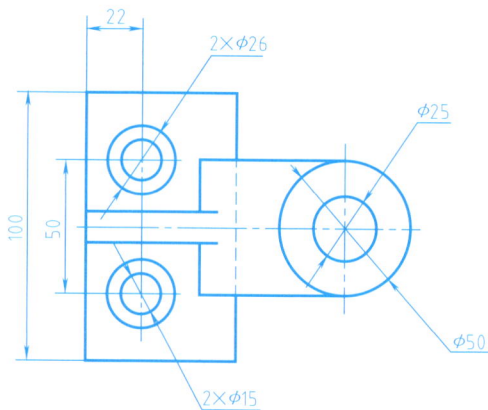

2.

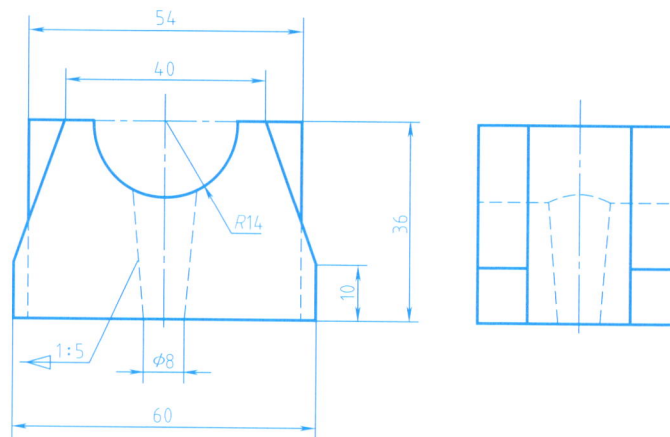

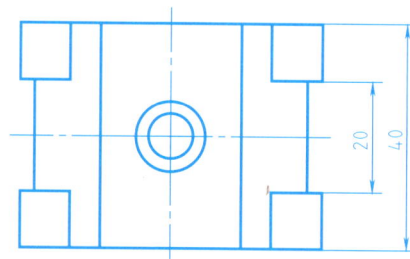

# 模块五　齿轮油泵零件轴测图绘制

**1-5-1　根据给定视图，画正等轴测图**

**1-5-2　根据给定视图，画斜二轴测图**

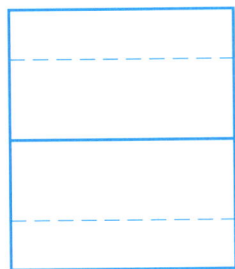

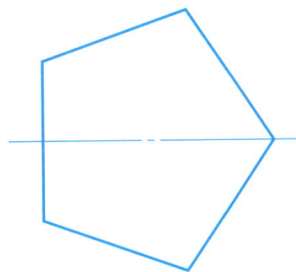

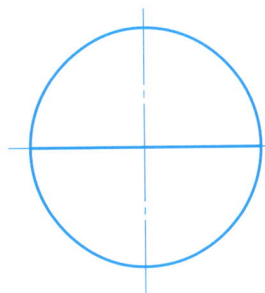

1. 根据管道的轴测图，判定其空间走向。

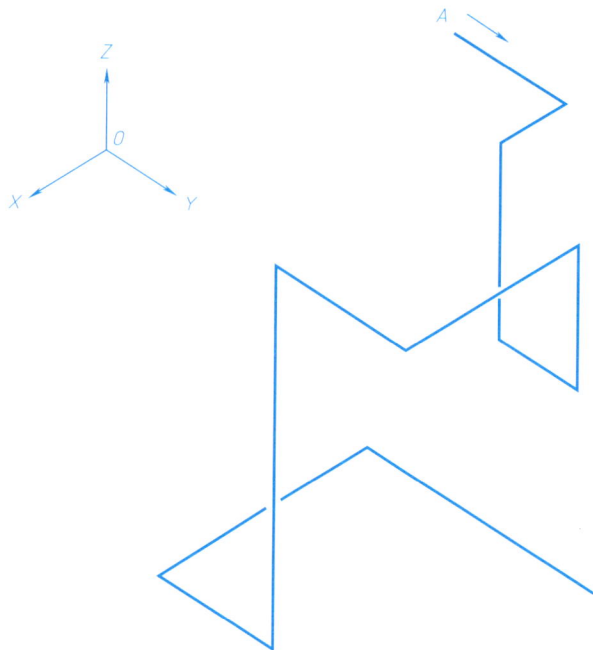

此管道自 A 点开始，向____、向____、向____、向____、向____、向____、向____、向____、向____、向____、向____。

2. 根据管道的投影，画出正等轴测图。

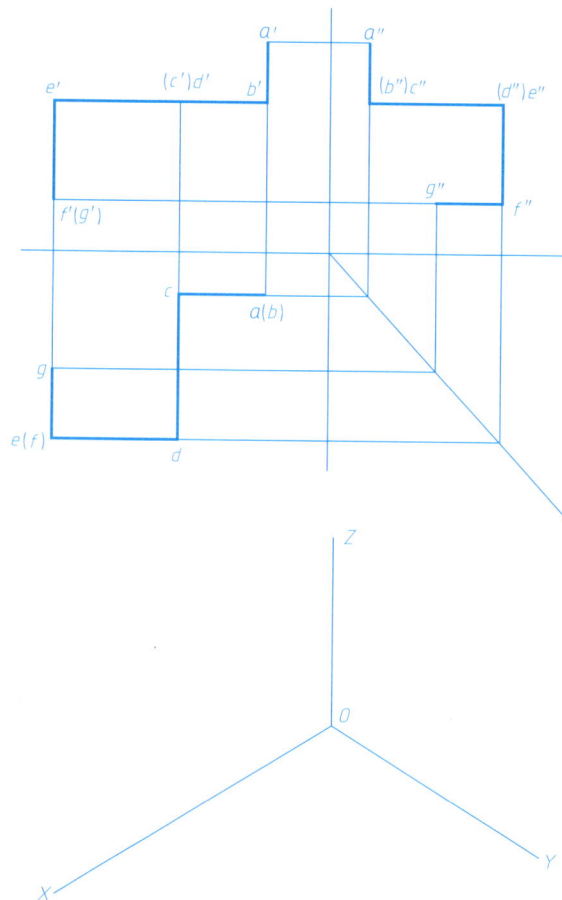

# 模块六 齿轮油泵中的零件表达方法

## 1-6-1 视图

1. 在指定位置作仰视图。

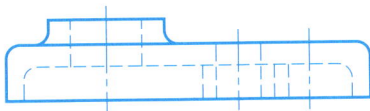

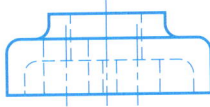

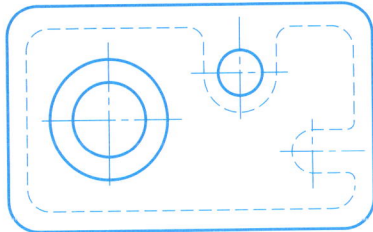

2. 画出 A、B 向视图。

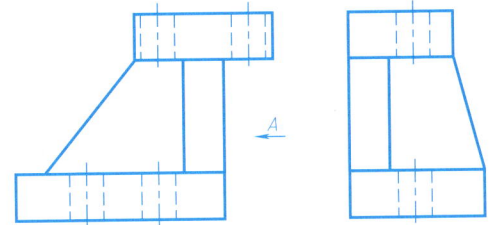

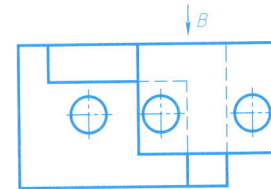

3. 作 A 向局部视图。

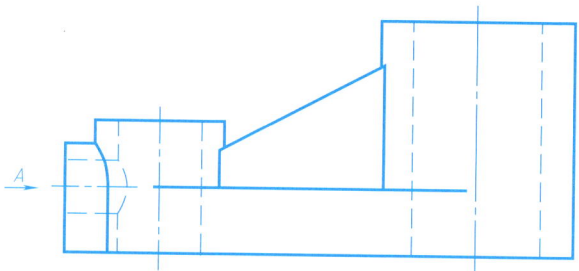

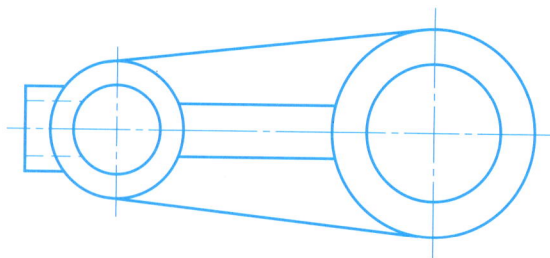

4. 作 A 向斜视图。

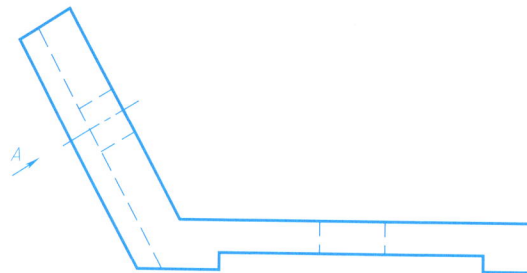

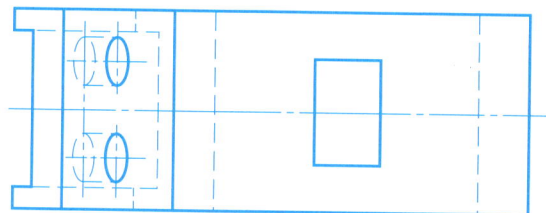

**1-6-2 补画剖视图中的漏线**

1.

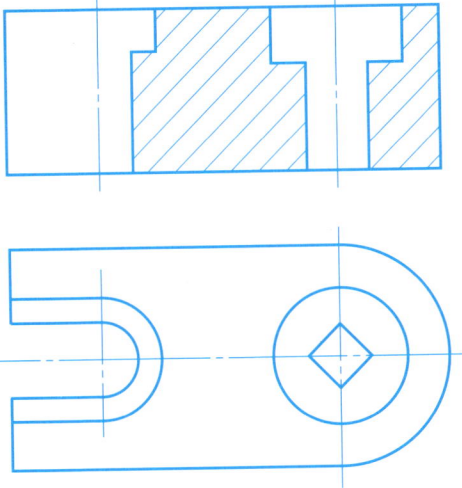

2.

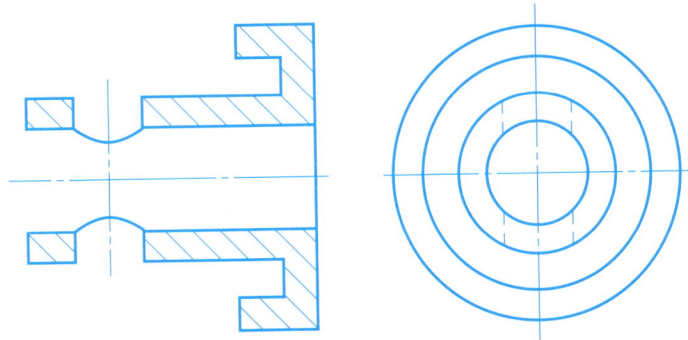

3.

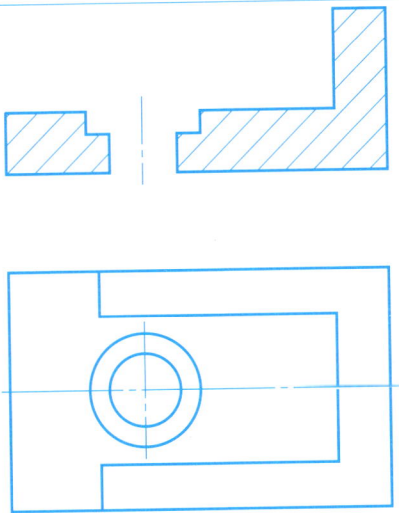

4.

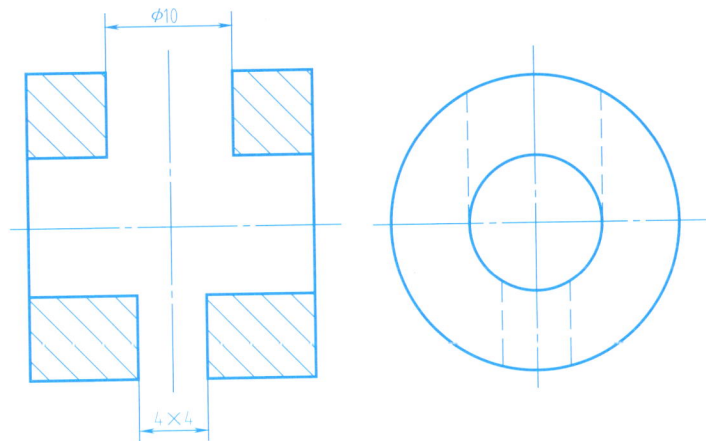

**1-6-3　在指定位置将主视图改画成全剖视图**

1.

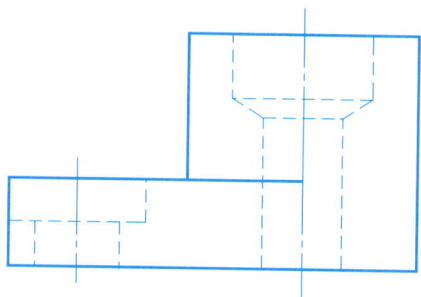

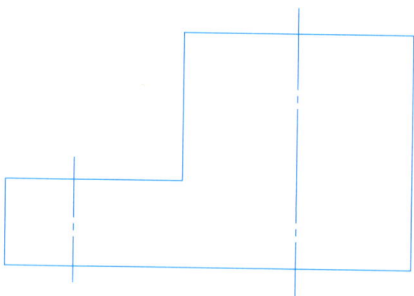

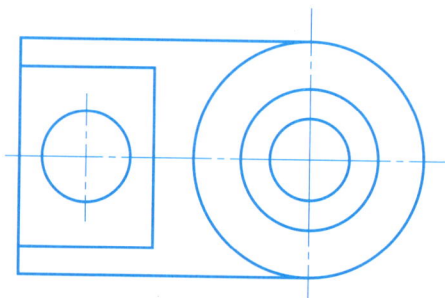

2.

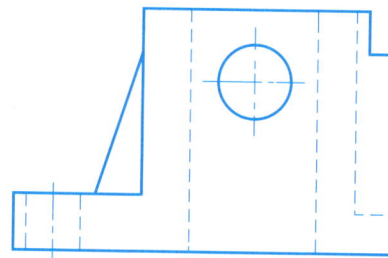

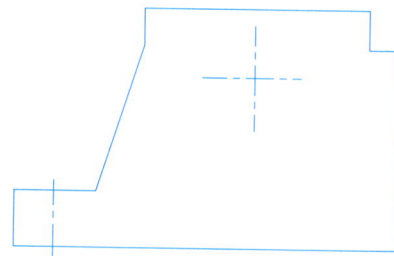

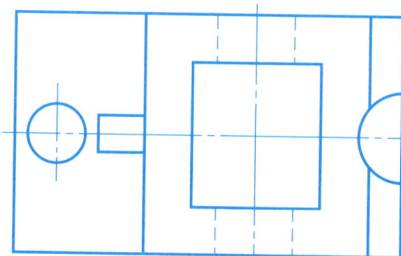

班级＿＿＿＿＿＿　姓名＿＿＿＿＿＿＿　学号＿＿＿＿＿＿

**1-6-3　在指定位置将主视图改画成全剖视图（续）**

3.

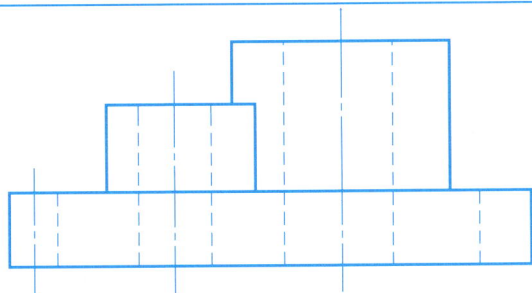

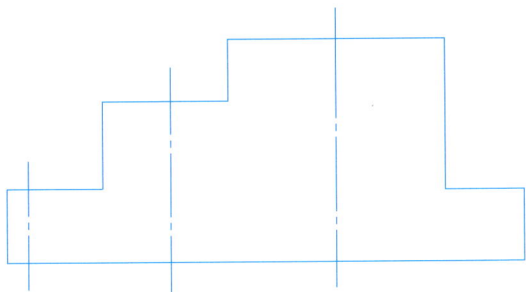

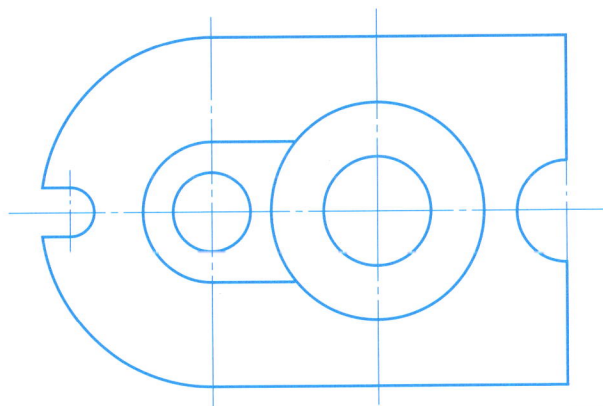

4.

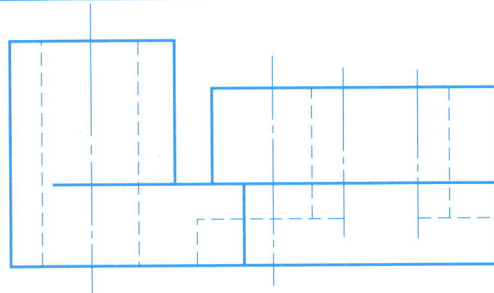

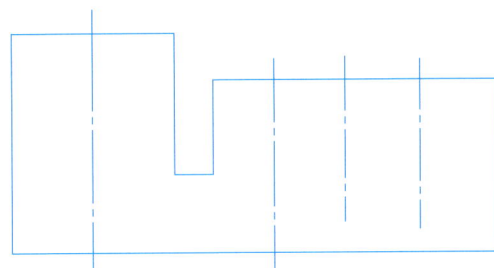

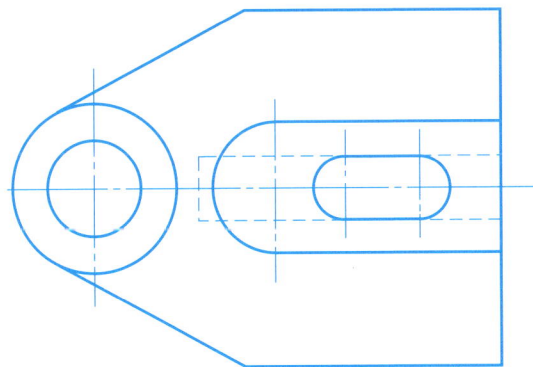

班级＿＿＿＿＿＿　姓名＿＿＿＿＿＿　学号＿＿＿＿＿＿

**1-6-4 在指定位置将主视图改画成半剖视图**

1.

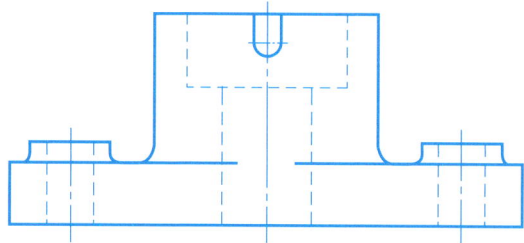

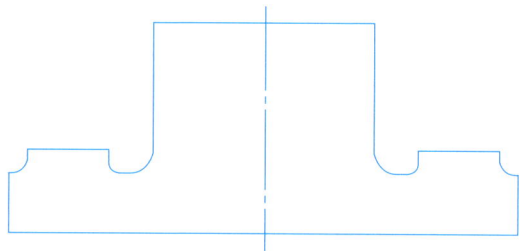

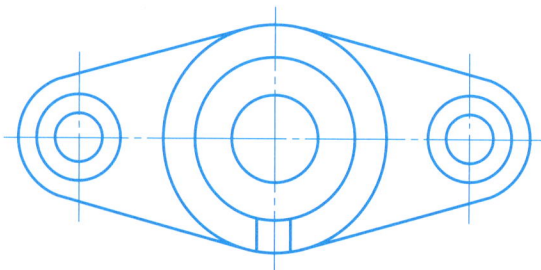

2.

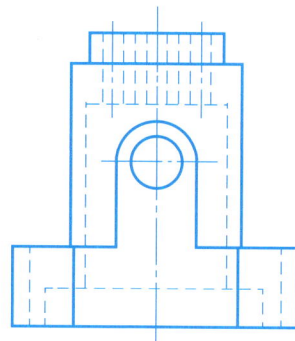

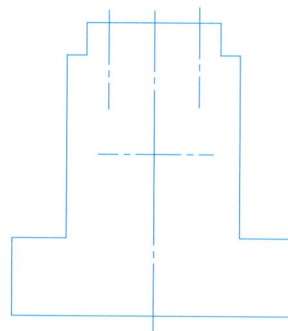

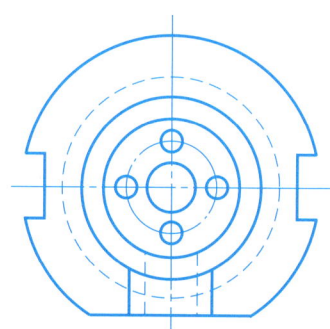

班级_____姓名_____学号_____

1-6-5 根据给定的主、俯视图，在指定位置改画成局部剖视图

1.

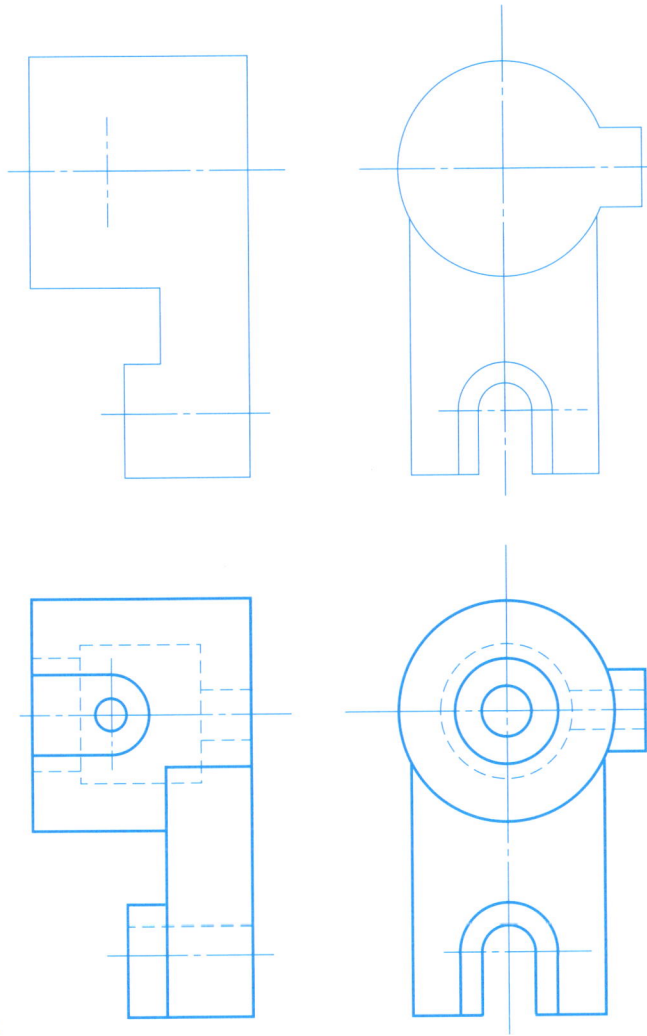

2.

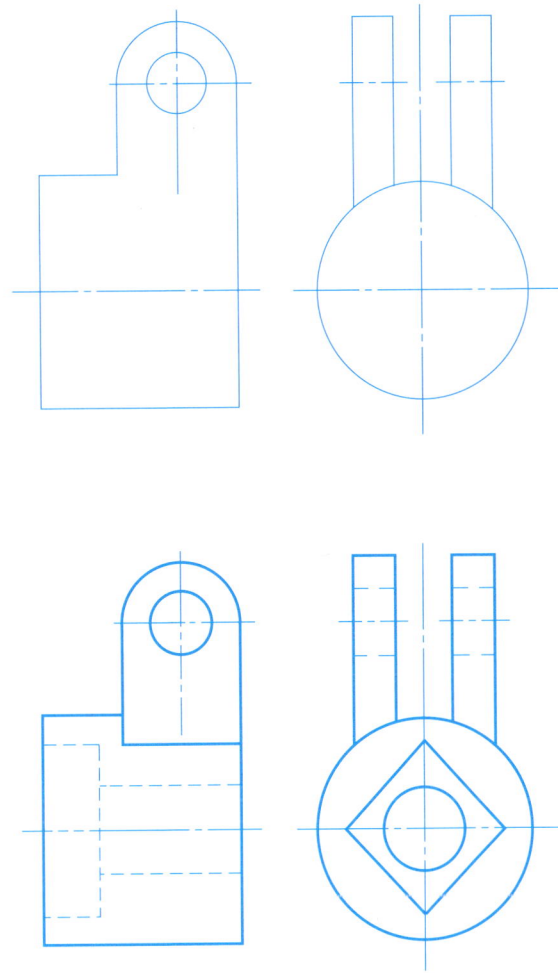

班级_____ 姓名_____ 学号_____

1-6-5　根据给定的主、俯视图，在指定位置改画成局部剖视图（续）

3.

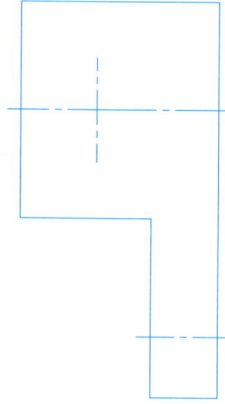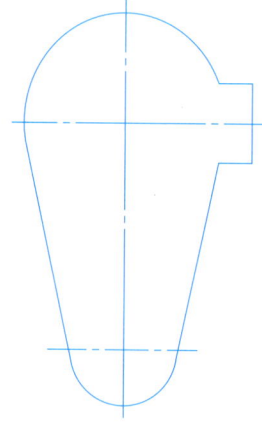

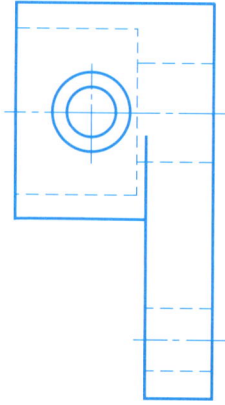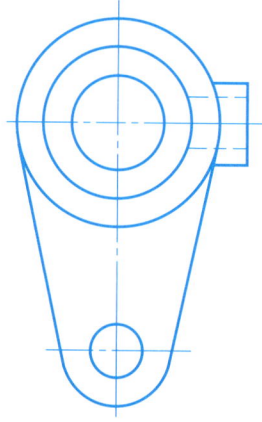

4.

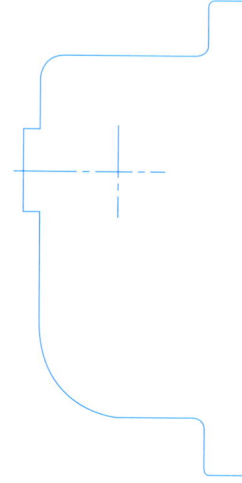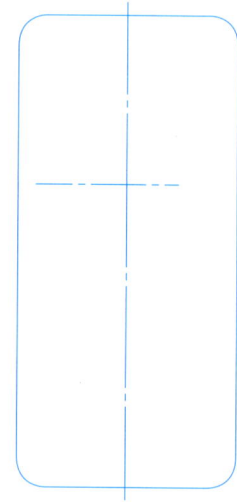

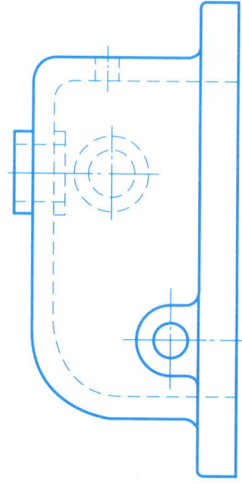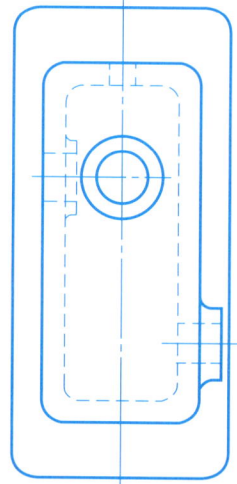

班级＿＿＿＿＿姓名＿＿＿＿＿学号＿＿＿＿＿

**1-6-6  看懂两视图，完成两平行剖切面的剖视图**

1.

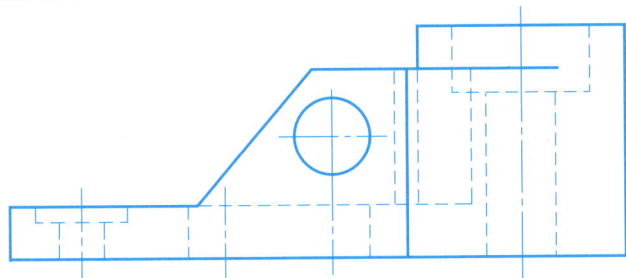

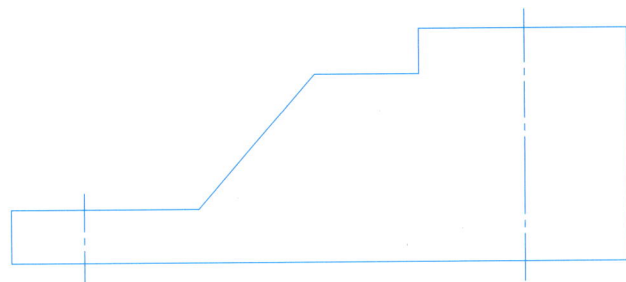

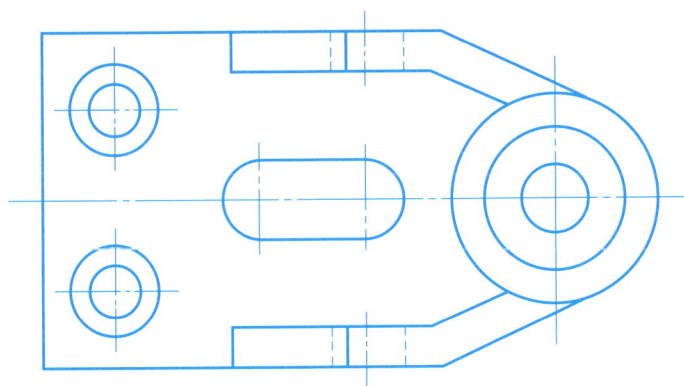

2.

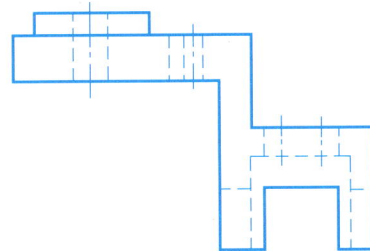

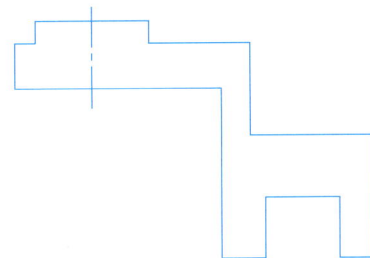

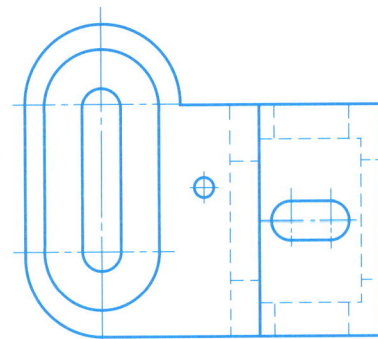

**1-6-7　看懂两视图，在指定位置完成两相交剖切面的剖视图**

1.

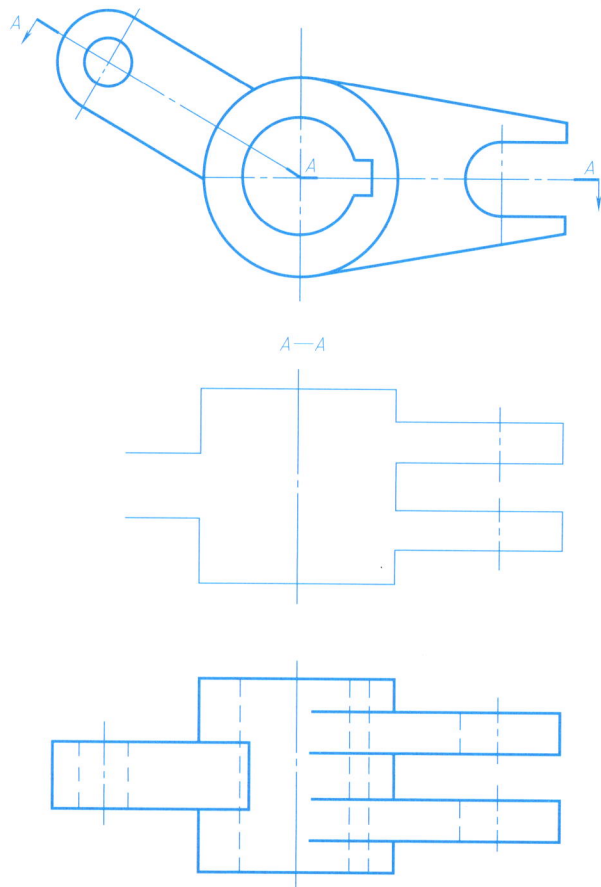

A—A

2.

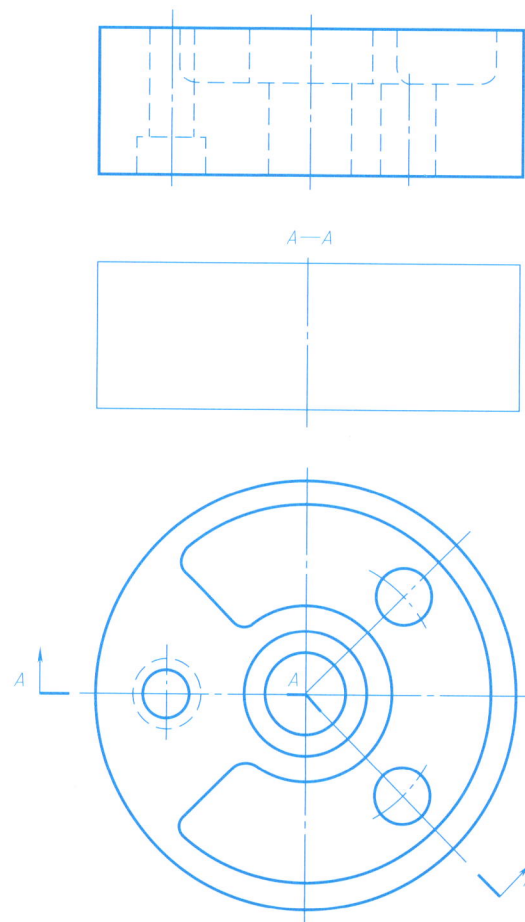

A—A

B—B

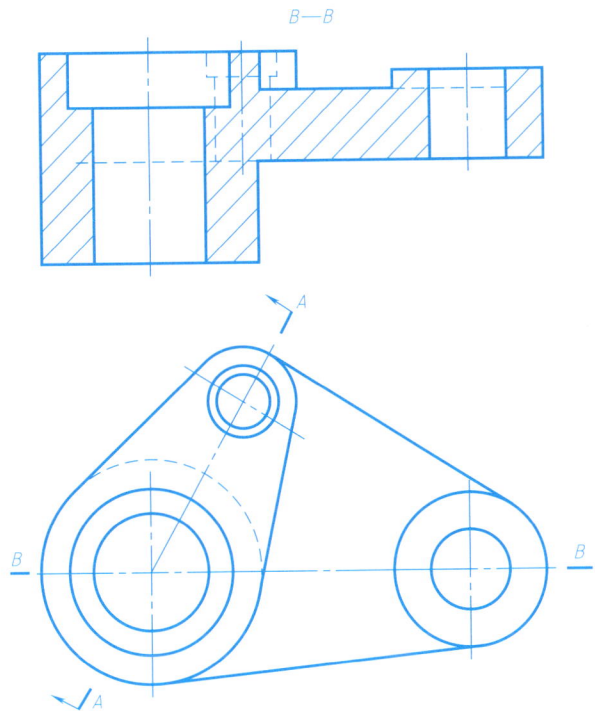

## 1-6-9　断面图及其他表达方法

1. 下列四组移出断面图中，哪一组是正确的 (　　　)。

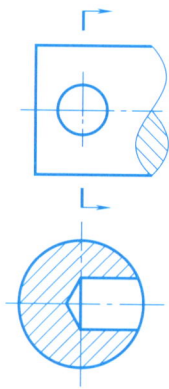　　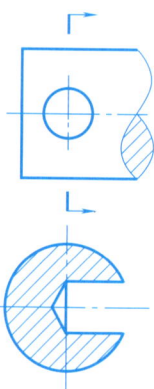　　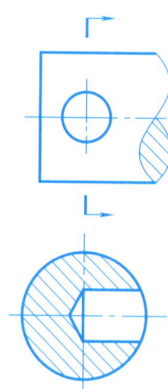　　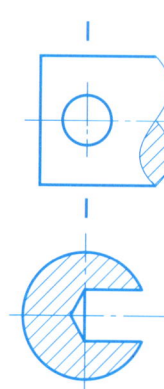

A　　　　　　　B　　　　　　　C　　　　　　　D

2. 对四种不同的 $A—A$ 移出断面图有如下判断，哪一种判断是正确的 (　　　)。

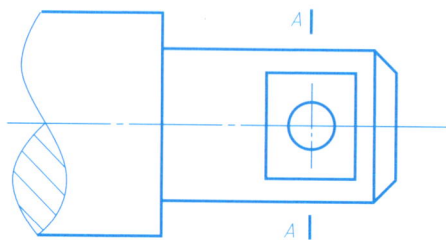　　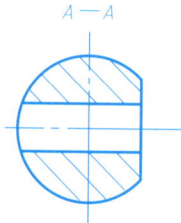　　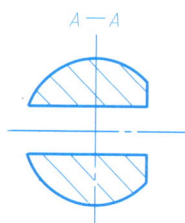　　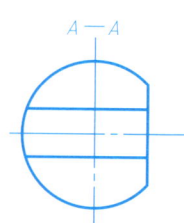　　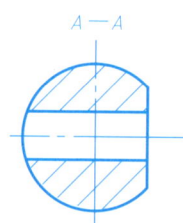

　　　　　　　　　　　　(a)　　　　　　(b)　　　　　　(c)　　　　　　(d)

A.(a)、(d) 正确　　　　B.(a)、(c) 正确　　　　C.只有(a) 正确　　　　D.只有(b) 正确

3. 画出指定位置的断面图（左面键槽深 4mm，右面键槽深 3mm）。

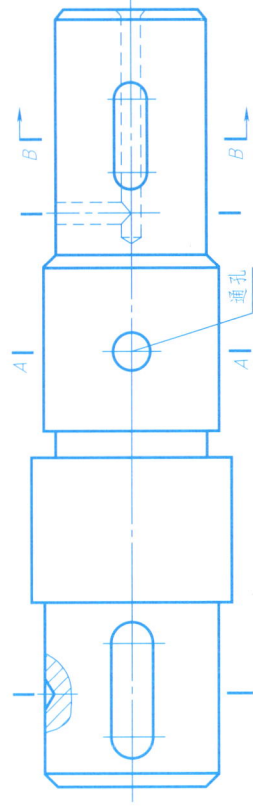

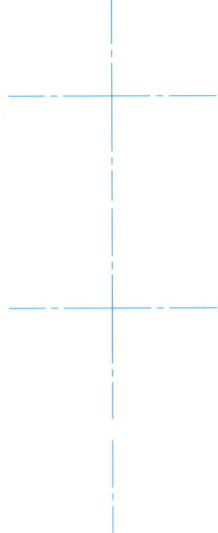

B—B

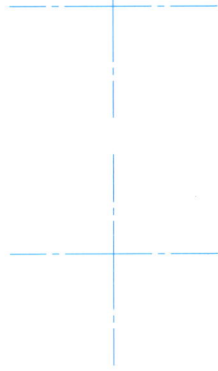

A—A

4. 画出指定位置的断面图。

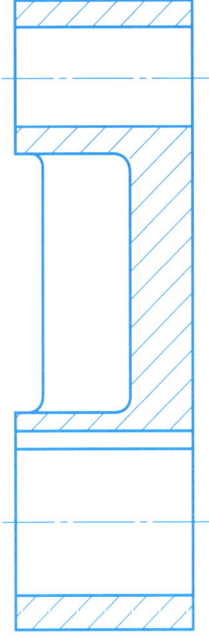

A—A

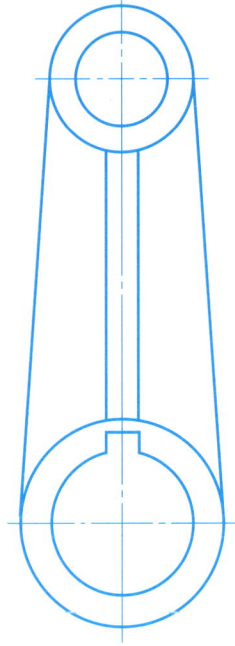

1-6-9 断面图及其他表达方法（续）

5. 下列四组重合断面图中，哪一组是正确的（　）

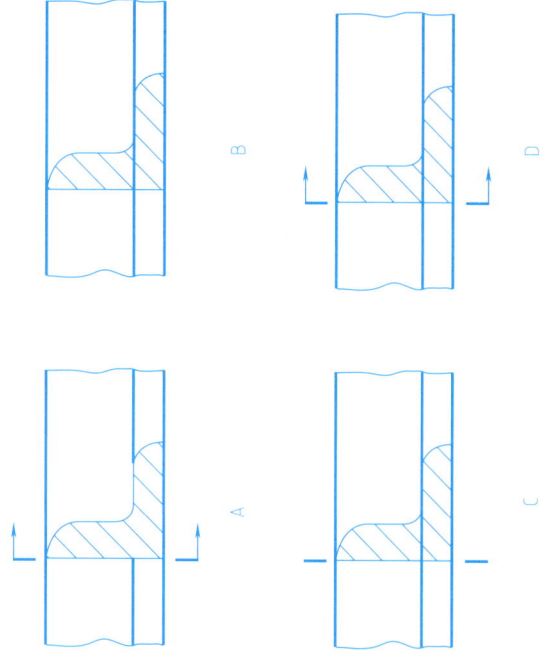

6. 在俯视图上画出中间十字肋的重合断面图。

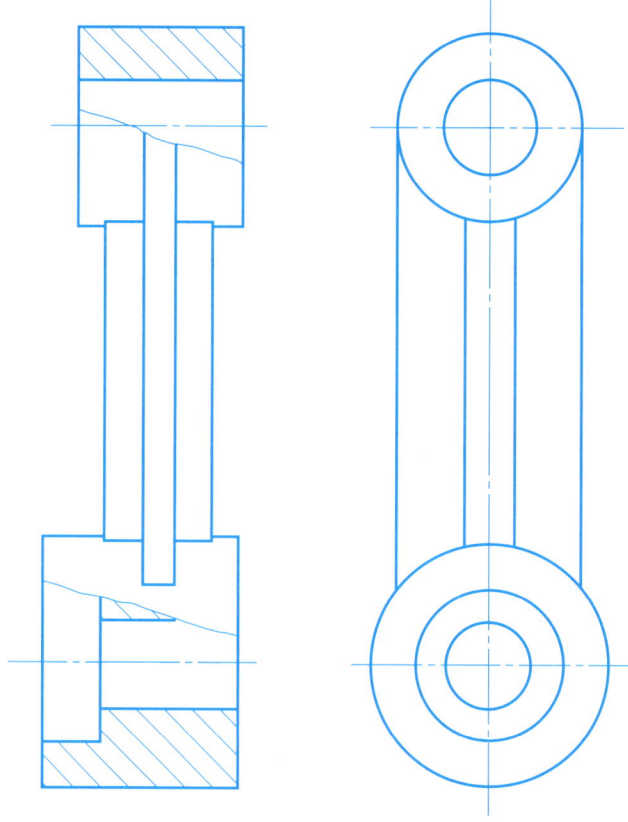

A    B    C    D

班级＿＿＿＿　姓名＿＿＿＿　学号＿＿＿＿

· 54 ·

7. 将主视图改画成全剖视图。

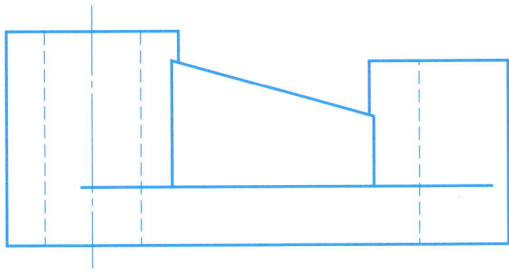

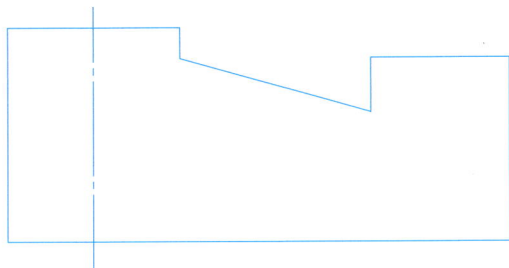

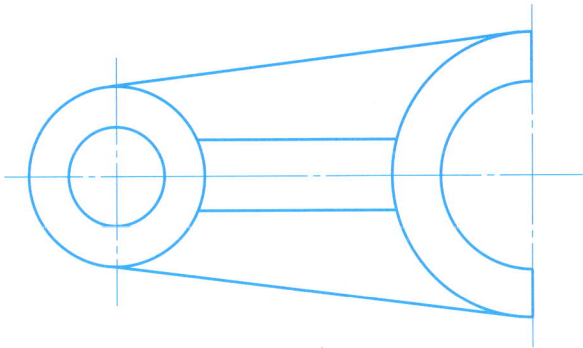

8. 将主视图改画成全剖视图。

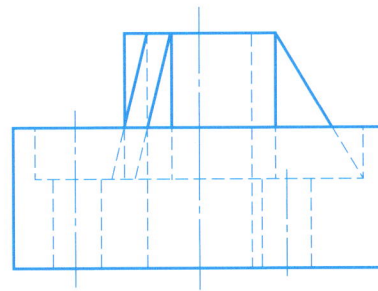

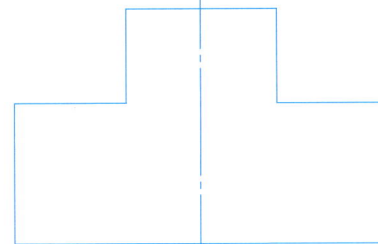

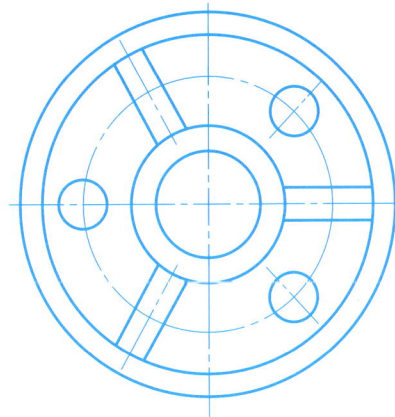

## 作 业 指 导

**一、作业目的**

1. 进一步提高形体分析及机件形状结构的综合表达能力。

2. 掌握剖视图的画法。

**二、内容与要求**

1. 根据视图（或模型）画剖视图。

2. 用 A3 图纸，标注尺寸，比例自定。

**三、注意事项**

1. 对所给视图作形体分析，在此基础上选择表达方案。

2. 根据规定的图幅和比例，合理布置视图的位置。

3. 画图时要注意将视图改画成适当的剖视图，按需要画出断面图和其他视图并作适当配置，标注和调整各部分尺寸。

4. 经仔细校核后用铅笔加深。

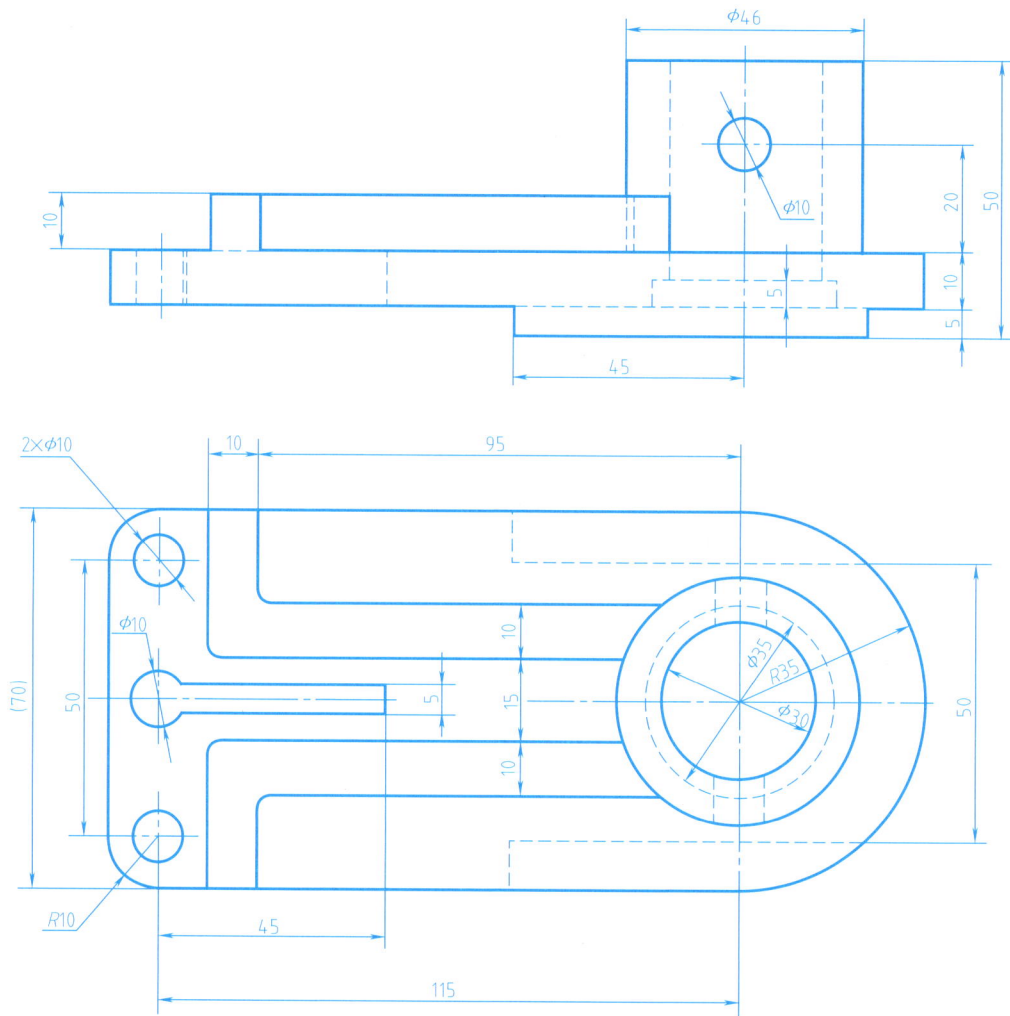

班级＿＿＿＿＿ 姓名＿＿＿＿＿ 学号＿＿＿＿＿

1. 用 AutoCAD 绘制下图所示轴的零件视图。

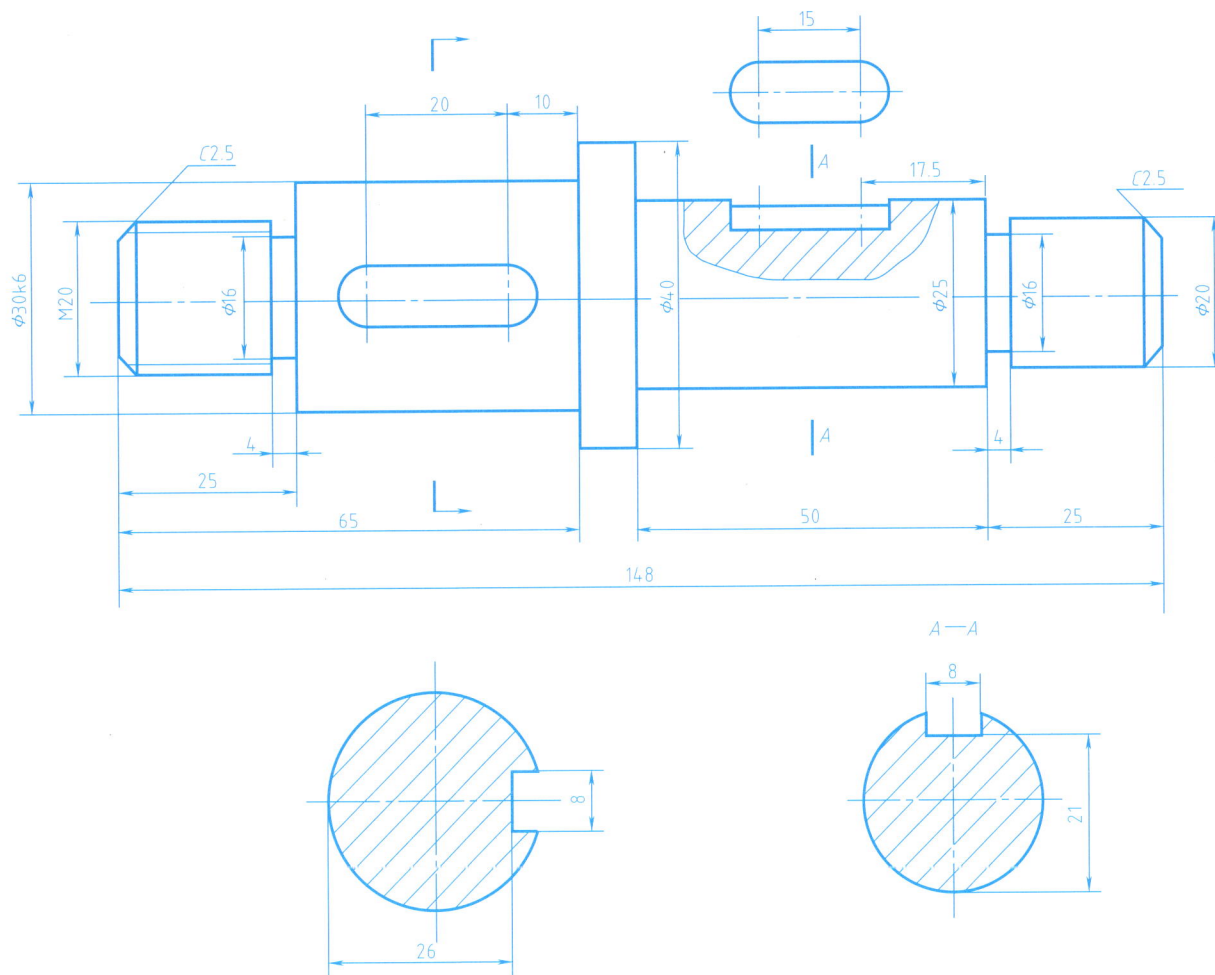

## 1-6-11 用 AutoCAD 绘制零件的视图（续）

2. 用 AutoCAD 绘制下图所示的盘盖类零件的视图，并对其进行填充。

班级______ 姓名______ 学号______

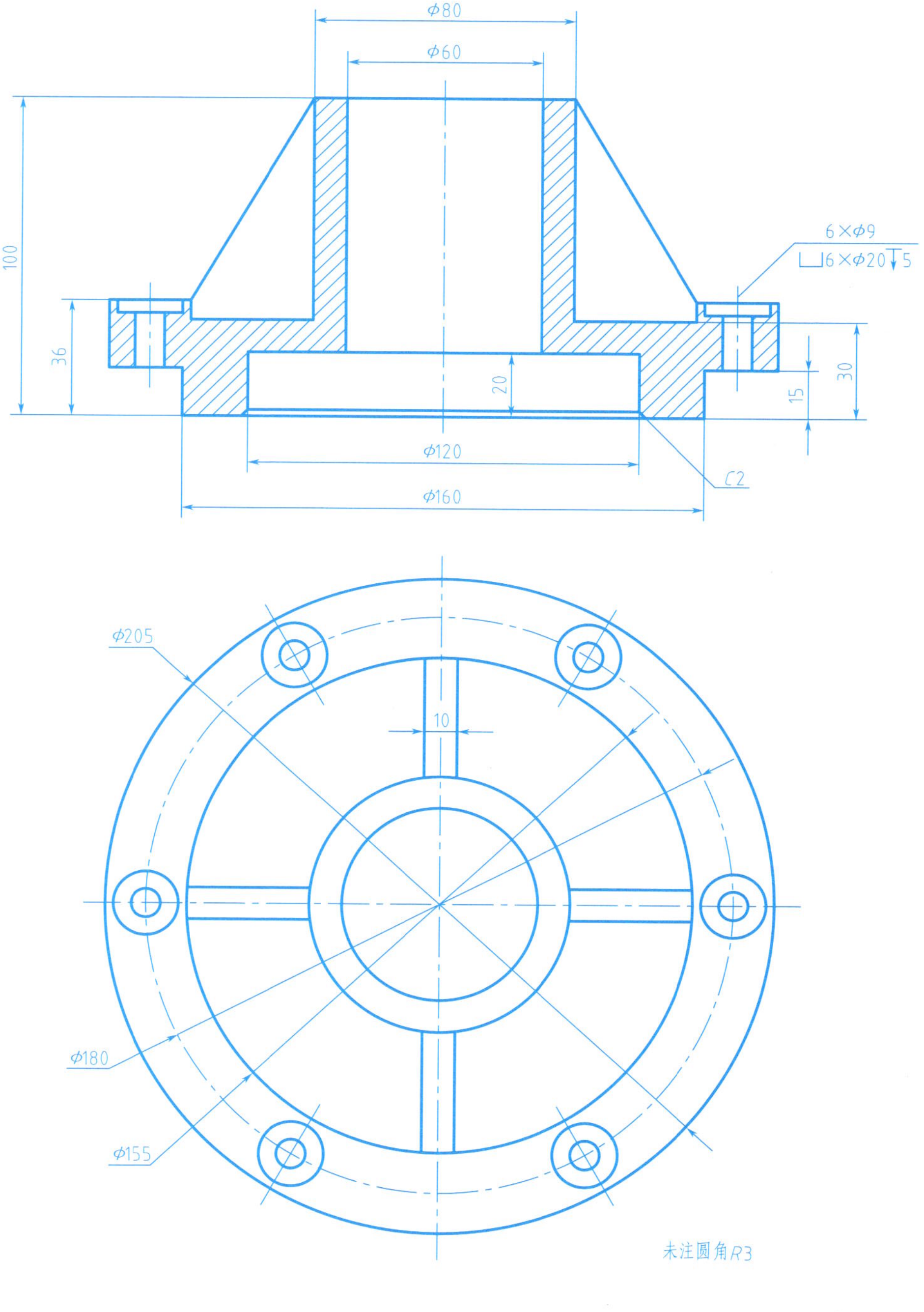

# 模块七　齿轮油泵中的标准件与常用件

**1-7-1　按给定条件画螺纹**

| | | |
|---|---|---|
| 1. 作不通光孔，光孔直径为 17mm，孔深为 24mm。 | 2. 作不通螺孔。把第 1 小题中的光孔加工成 M20 的螺孔，螺孔深 20mm。 | 3. 将第 2 小题中的不通螺孔用简化画法画出。 |

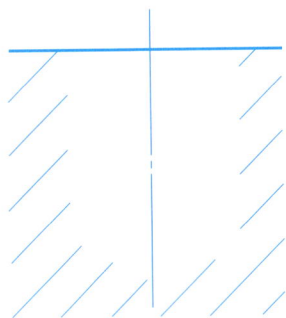

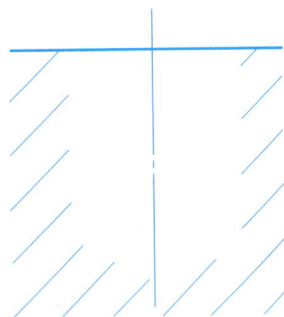

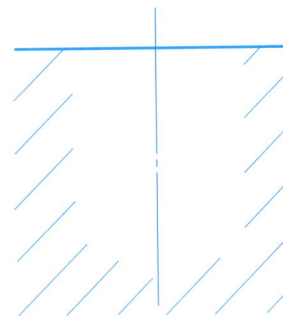

4. 在图示位置画 M16 的外螺纹，螺纹长度为 24mm。

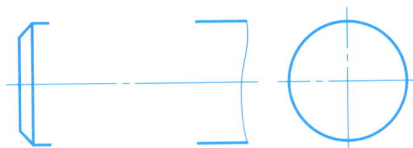

5. M12 的内、外螺纹旋合，内螺纹为通孔，外螺纹长度为 24mm，在图示位置作出旋合图。

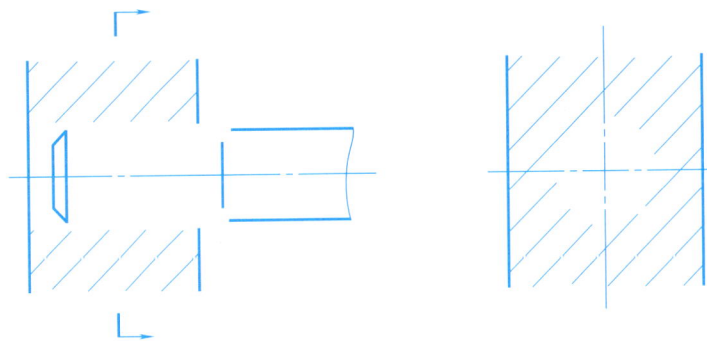

**1-7-2** 改正下列螺纹画法中的错误，并在指定的位置画出正确视图

1.

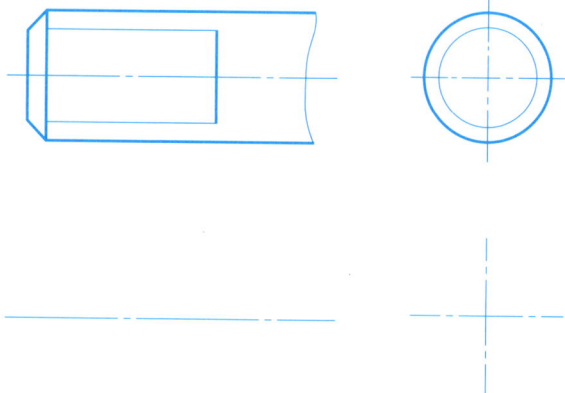

2.

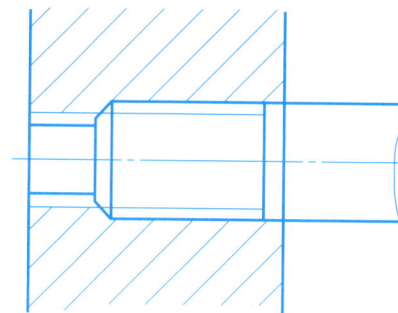

3.

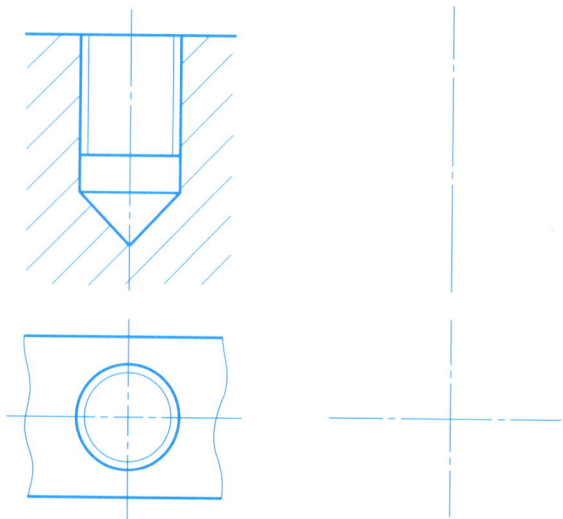

班级_____ 姓名_____ 学号_____

1. 根据螺纹标记，填写下表。

| 标　记 | 螺纹种类 | 内、外螺纹 | 公称直径 | 导程 | 螺距 | 线数 | 旋向 | 公差带代号 | 旋合长度 |
|---|---|---|---|---|---|---|---|---|---|
| M20-7H | | | | | | | | | |
| M16×1 LH-5g6g-L | | | | | | | | | |
| Tr24×5LH | | | | | | | | | |
| Tr40×14（P7)-7e | | | | | | | | | |
| G3/4 | | | | | | | | | |
| G1/2A-LH | | | | | | | | | |

2. 在图中标注普通螺纹，公称直径为 20mm，螺距为 2mm，中径顶径公差带分别为 5g6g，右旋。

3. 在图中标注普通螺纹，公称直径为 16mm，螺距为 2mm，中径顶径公差带均为 6H，左旋。

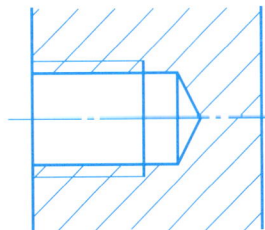

4. 在图中标注非螺纹密封的圆柱管螺纹，尺寸代号为 1，公差等级为 A 级，右旋。

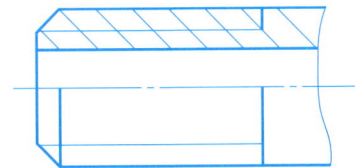

**1-7-4  查表确定标准件的尺寸，写出规定的标记**

1. 六角头螺栓，A 级。

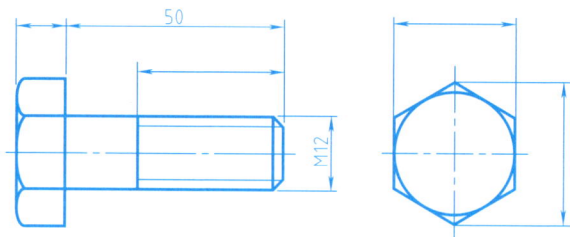

标记_____

2. 1 型六角螺母，C 级。

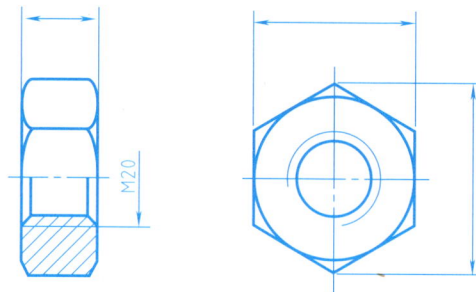

标记_____

3. 平垫圈，倒角型，公称尺寸 12mm，A 级，性能等级 A140。

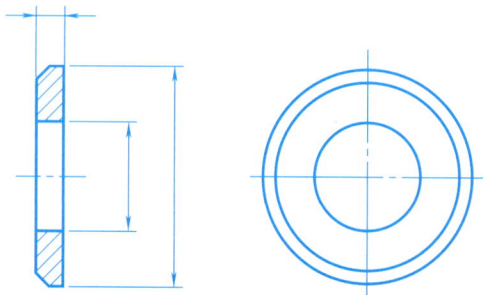

标记_____

4. 双头螺柱（GB/T 897—2008），B 型。

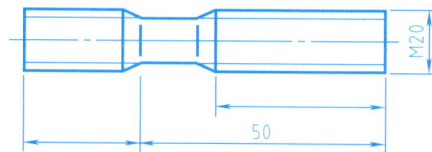

标记_____

1. 用螺栓连接下列零件。螺栓标记为：螺栓 GB/T 5782—2016 M10×45，使用平垫圈，作图比例为 1：1。

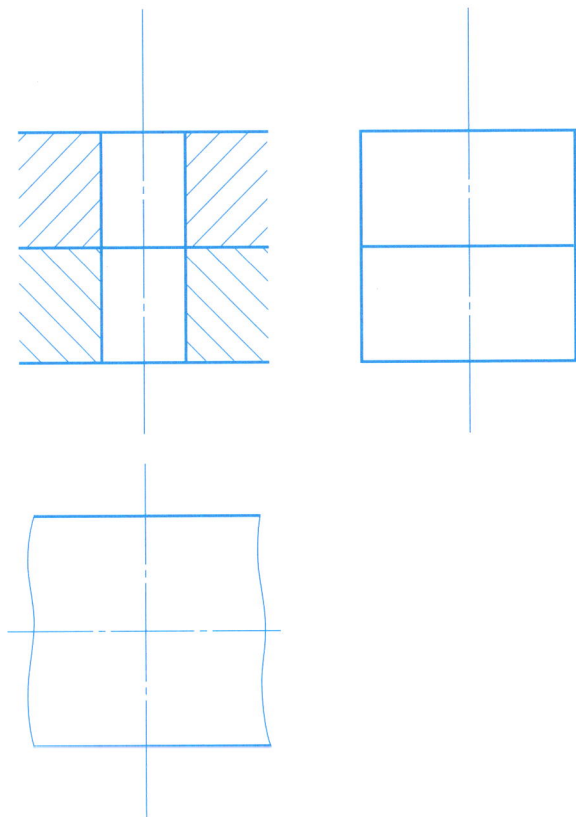

2. 用双头螺柱连接下面的零件。被连接零件的材料为钢，使用平垫圈。双头螺柱的标记为：螺柱 GB/T 897—2008 M12×30。作图比例为 1：1。

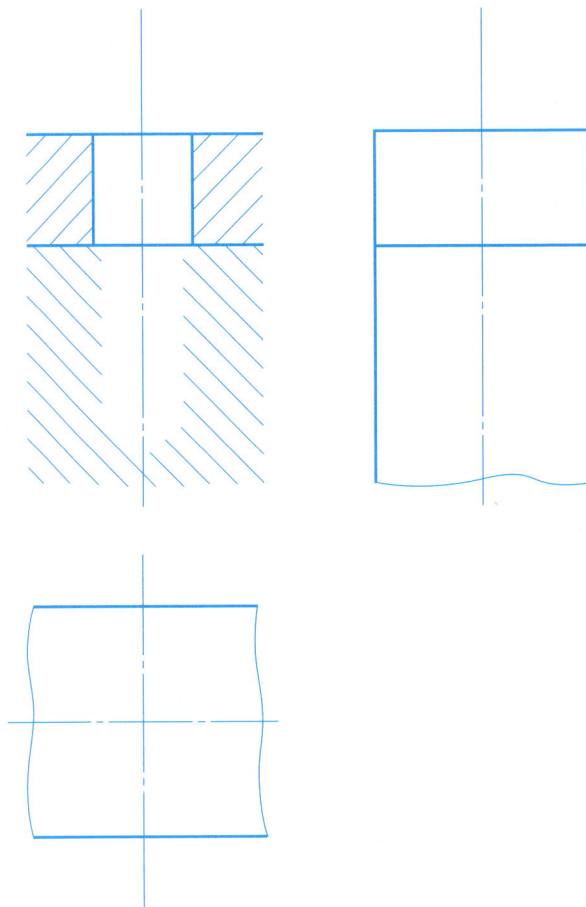

## 1-7-6 键和销

1. 在下图中用键连接轴和齿轮。已知轴的直径 $d=20$mm，使用A型普通型平键，键长 $l=28$mm，补全图形。

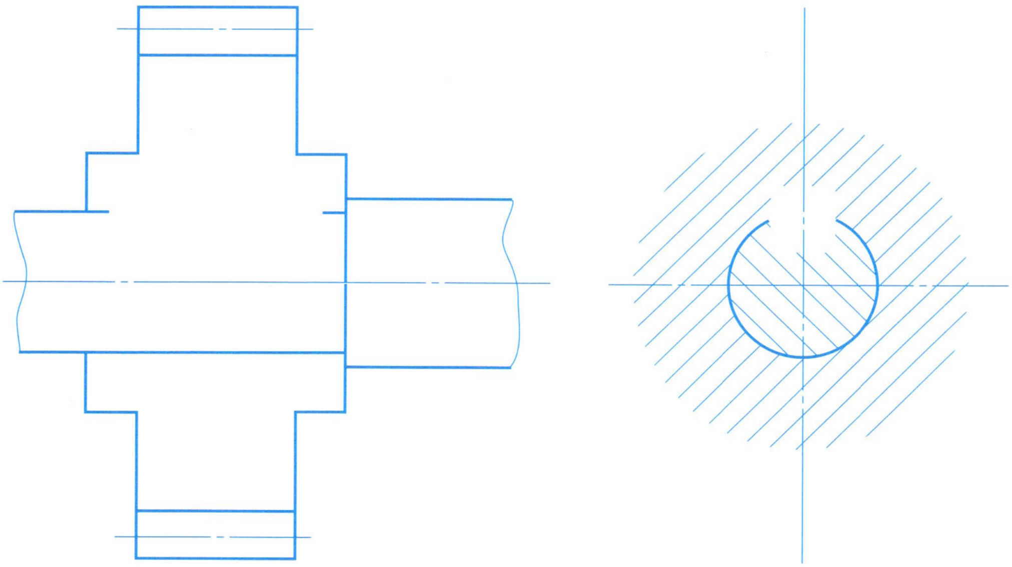

2. 用B型圆柱销连接轴和齿轮。已知圆柱销的公称直径 $d=6$mm，补全下面的图形。

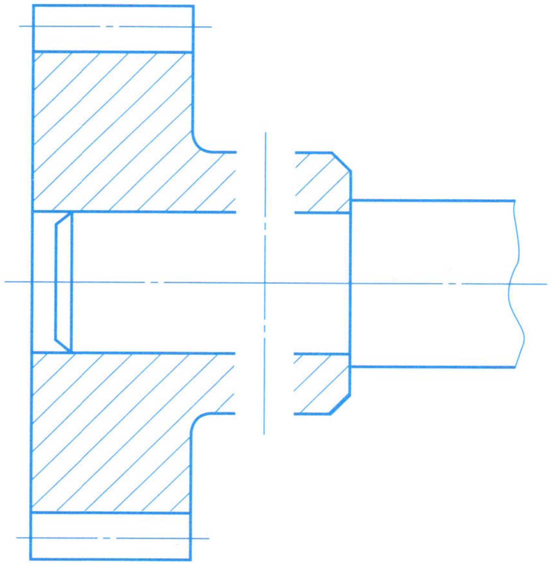

班级______ 姓名______ 学号______

1-7-7　已知一标准直齿圆柱齿轮，齿数为 $z=25$，模数 $m=4$，计算齿轮的分度圆、齿顶圆和根圆直径，并完成下图，比例为 $1:1$

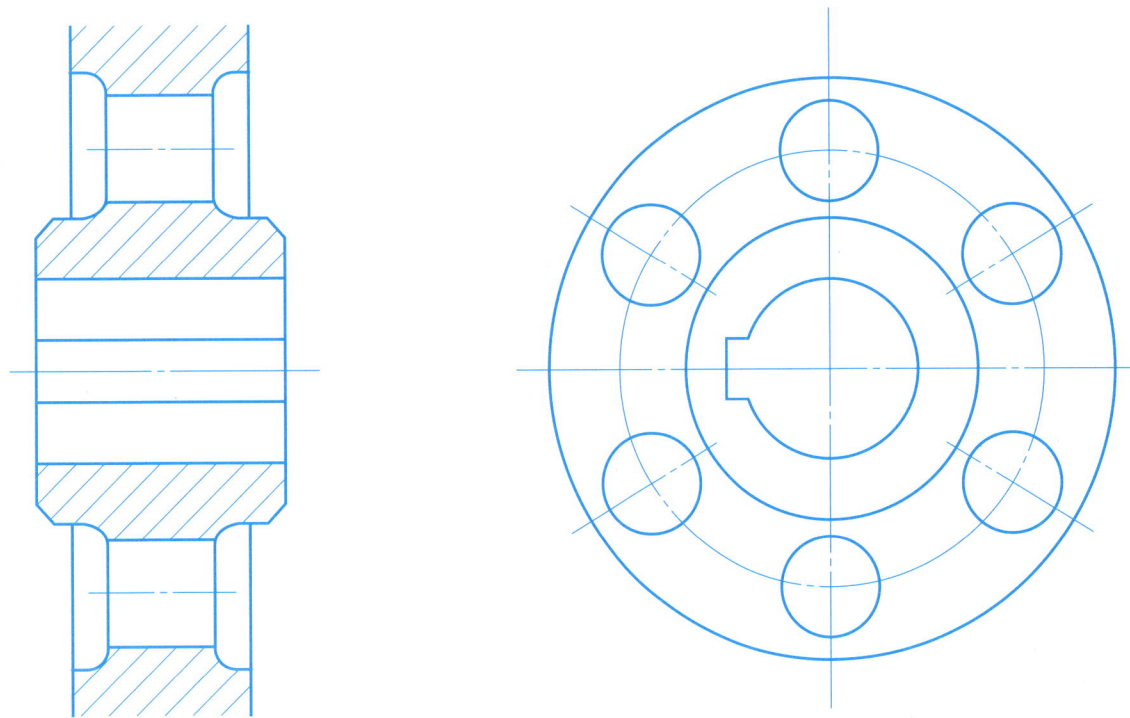

1-7-8　一对啮合的直齿圆柱齿轮，齿数为 $z_1=16$，$z_2=26$，模数 $m=3$，计算有关尺寸，用 1：1 的比例完成下图

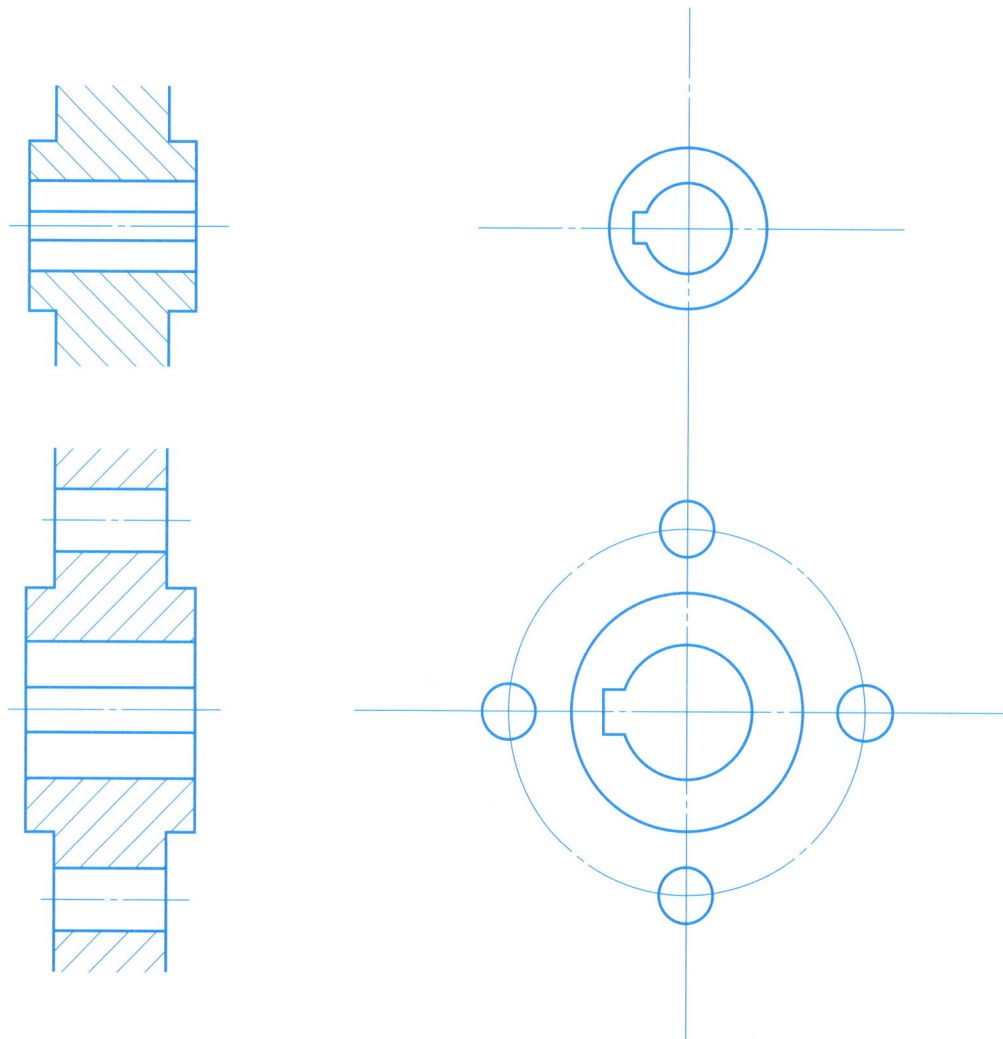

1. 在右图轴上画轴承，比例为 1∶1。

   （1）轴承 30204，用特征画法。

   查表：

   内孔直径_____

   外圈直径_____

   轴承总宽_____

   轴承类型_____

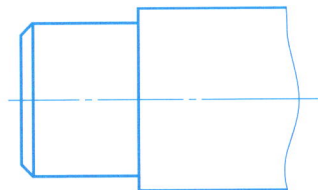

轴承30204(GB/T 297—2015)

   （2）轴承 6304，用简化画法。

   查表：

   内孔直径_____

   外圈直径_____

   轴承总宽_____

   轴承类型_____

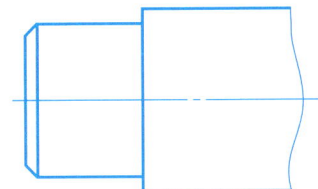

轴承6304(GB/T 276—2013)

2. 已知圆柱螺旋压缩弹簧的簧丝直径为 $d = 6mm$，弹簧外径 $D = 40mm$，有效圈数 $n = 6$，支承圈数 $n_0 = 2.5$，节距 $t = 10mm$，左旋，作弹簧的剖视图，比例为 1∶1。

# 模块八　齿轮油泵零件图与装配图的识读与绘制

## 1-8-1　表面结构、极限与配合

1. 将指定表面结构代号标注在图上。

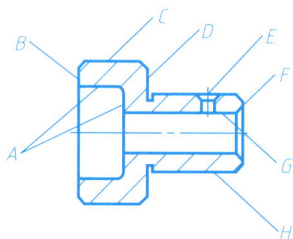

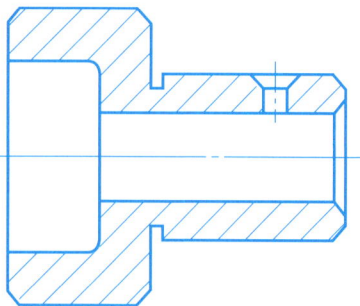

表面结构代号

$A$ 面为 ⟋

$B$、$C$、$D$、$H$ 面为 ⟋ Ra 3.2

$E$、$F$ 孔面为 ⟋ Ra 12.5

$G$ 孔面为 ⟋ Ra 0.4

其余面为 ⟋ Ra 25

2. 已知孔的基本尺寸为 $\phi30$，基本偏差代号为 H，公差等级为 IT7；轴的基本尺寸为 $\phi20$，基本偏差代号为 f，公差等级为 IT7。

(1) 孔的上偏差_____，下偏差_____，公差_____。

(2) 轴的上偏差_____，下偏差_____，公差_____。

(3) 以极限偏差形式标注孔、轴的尺寸。

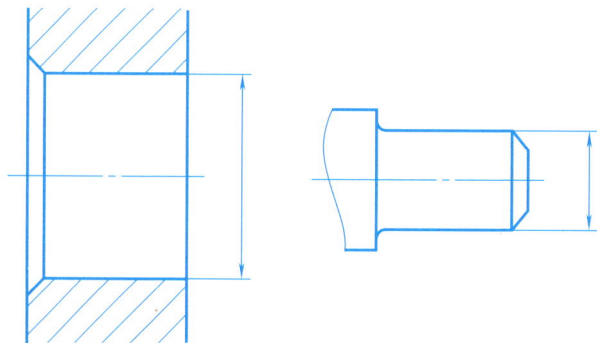

班级_____　姓名_____　学号_____

3. 根据配合代号，在零件图上分别标出轴和孔的偏差值，并指出是何类配合。

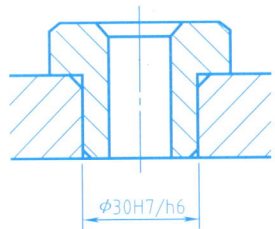

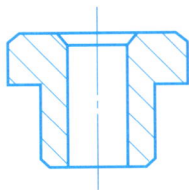

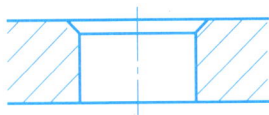

4. 根据轴和孔的偏差值，在装配图上注出其配合代号。

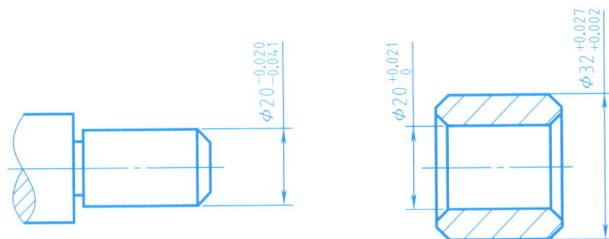

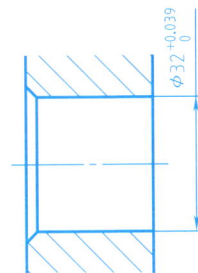

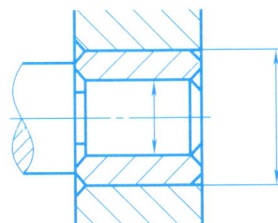

$\phi 30 H7/h6$

$\phi 20^{-0.020}_{-0.041}$

$\phi 20^{+0.021}_{0}$

$\phi 32^{+0.027}_{+0.002}$

$\phi 32^{+0.039}_{0}$

该配合为_____配合，配合制度是_____。

**1-8-2 几何公差**

1. 说明图中标注的几何公差框格的含义。

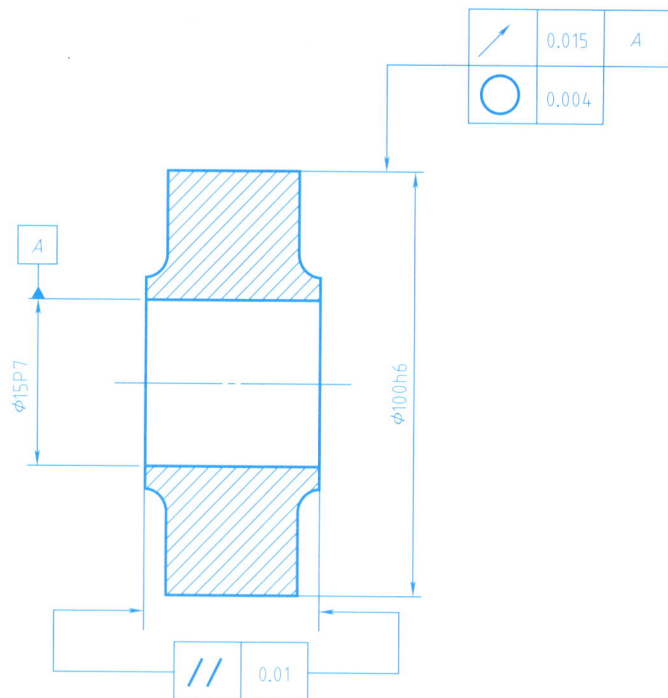

2. 将文字说明的含义用几何公差代号标注在图上。

（1）$\phi$40g6 的轴线对 $\phi$20H7 轴线的同轴度公差为 $\phi$0.05。

（2）右端面对 $\phi$20H7 的轴线的垂直度公差为 0.15。

（3）$\phi$40g6 的圆柱度公差为 0.03。

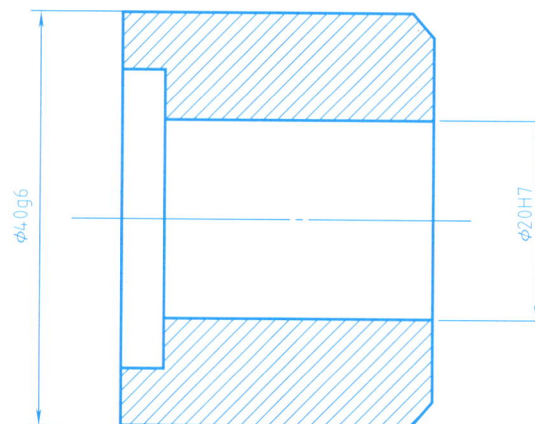

## 1-8-3　画零件图

### 作业指导

**一、作业目的**

1. 熟悉零件的结构特征和视图的表达特点。

2. 熟悉零件图尺寸标注及技术要求的注写。

3. 训练徒手画零件草图的能力。

**二、内容与要求**

1. 根据给定的轴测图，选择表达方案，徒手画出零件草图。

2. 在图纸上画出零件图，图幅和比例自定。

**三、注意事项**

1. 绘制草图时应在目测下进行，草图中的线型、字体应按标准绘制，不得潦草。

2. 选择主视图应考虑加工位置、工作位置及形状特征原则，所选的一组视图应能完整、清晰地表达出零件的所有结构，并尽量简洁。

3. 要正确选择尺寸基准，重要的尺寸应从基准直接标出，并加注公差带代号或极限偏差。

4. 表面结构代号注法要正确。高度参数一般用 $Ra$ 值。一般有配合关系的表面 $Ra$ 取 $1.6\mu m$ 或 $3.2\mu m$，装配时与其他零件的接触底面、端面取 $6.3\mu m$，非接触面（如倒角、退刀槽、螺栓孔等）取 $12.5\mu m$。

5. 零件上的倒角、退刀槽、键槽、各种孔、铸造圆角和过渡线等都要正确画出并作标注。

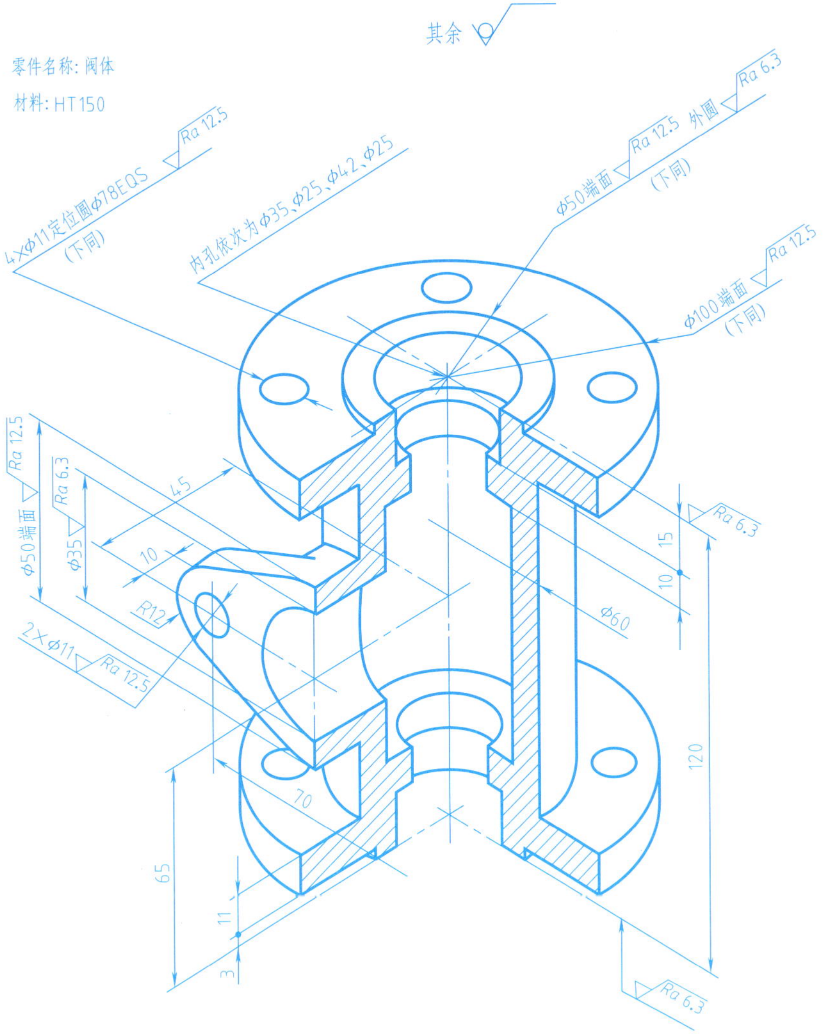

零件名称: 阀体

材料: HT150

## 1-8-4 读轴的零件图并填空

1. 该零件图采用的表达方法有_____。

2. 靠右侧的两处斜交细实线是_____符号。

3. 键槽的定位尺寸是_____；长度_____；宽度_____；深度_____。

4. 说明尺寸 C2 中 C 表示_____；2 表示_____；22×22 中 22 表示_____；$\phi 7 \overline{\phantom{x}} 3$ 中的 $\phi 7$ 表示_____；3 表示_____。

5. M22-6g 中，M22 表示_____；6g 表示_____。

6. ▱ 0.04 C 表示_____两圆柱面对_____轴线的_____公差为_____。

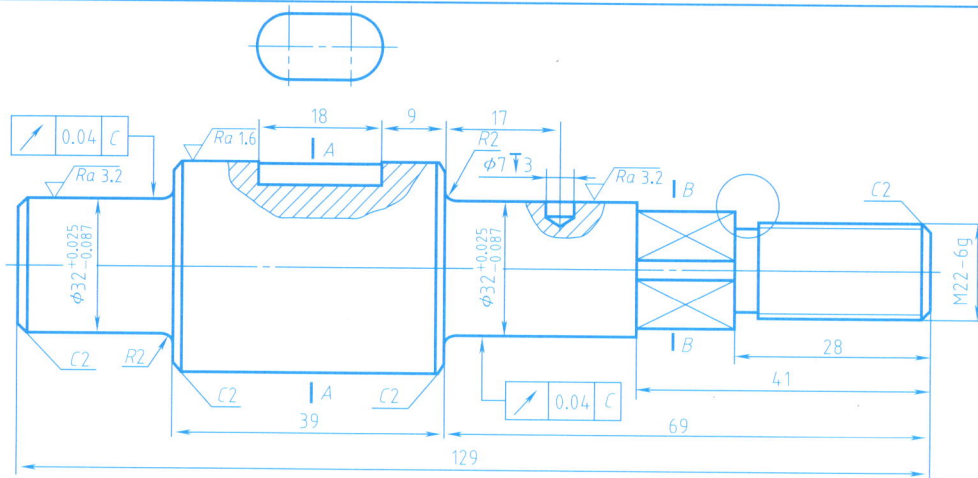

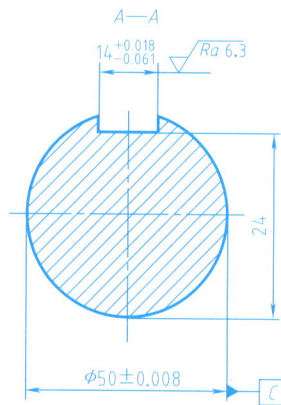

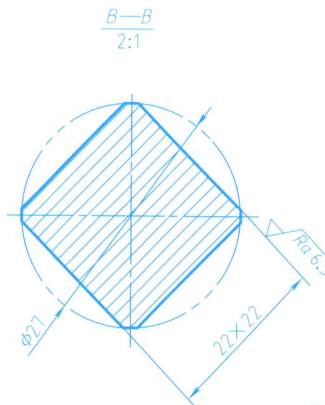

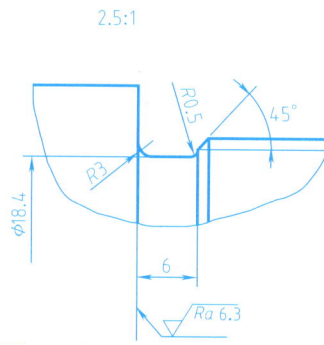

A—A

$14^{+0.018}_{-0.061}$  Ra 6.3

24

$\phi 50 \pm 0.008$  C

B—B
2:1

22×22  Ra 6.3

$\phi 27$

2.5:1

R0.5  45°

R3  $\phi 18.4$

6

Ra 6.3

$\sqrt{Ra\ 12.5}$ ( $\sqrt{}$ )

### 技术要求
除螺纹表面外，其他部位表面硬度均为45～50HRC。

| 主　轴 | | 比例 | 数量 | 材料 | 图号 |
|---|---|---|---|---|---|
| | | 1:1 | 1 | 45 | |
| 制图 | | | ×××职业技术学院 | | |
| 审核 | | | | | |

班级_____ 姓名_____ 学号_____

## 1-8-5 看端盖的零件图，完成填空

1. 零件的主视图是_____剖视图。采用的是_____的剖切平面。

2. 零件的长度方向尺寸的主要基准在_____侧，是长度为_____圆柱体的_____端面。

3. 零件上有_____处几何公差，它们的名称是_____度和_____度，基准是_____。

4. 该零件左端面有_____个沉孔，尺寸是_____。

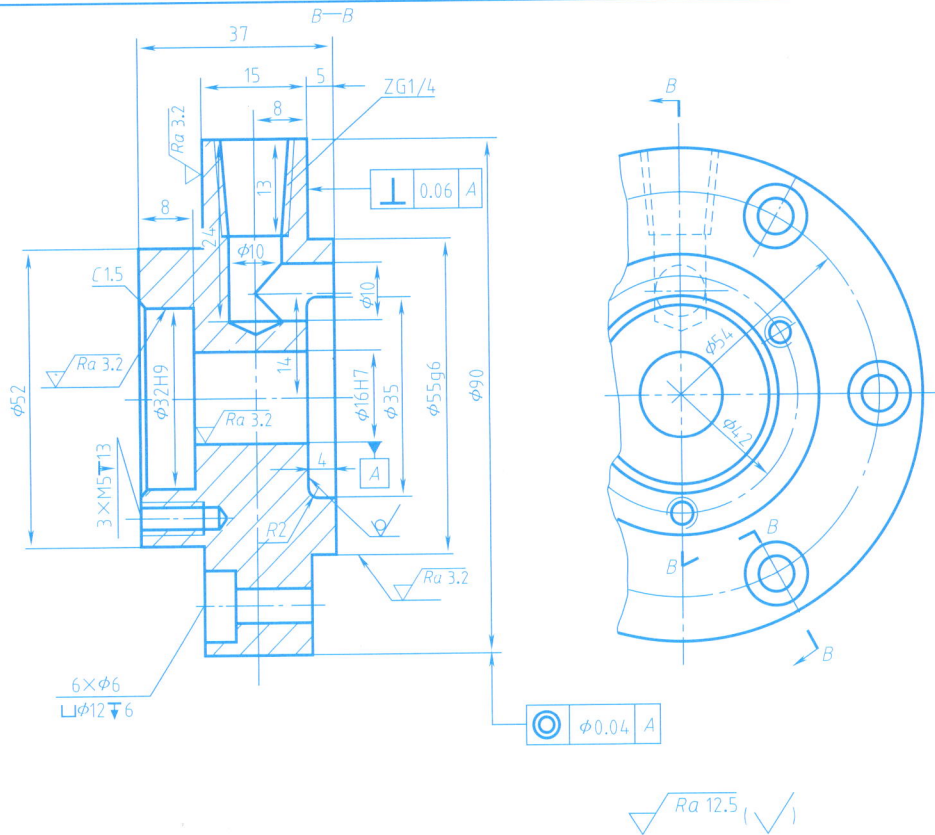

*B—B*

37
15
5
ZG1/4
√Ra 3.2
8
13
8
⊥ 0.06 A
φ10
C1.5
2
φ10
√Ra 3.2
φ32H9
14
φ16H7
φ35
φ55g6
φ52
√Ra 3.2
√ A
3×M5▼13
4
R2
√
6×φ6
⊔φ12▼6
√Ra 3.2
◎ φ0.04 A

B
φ54
φ4.2
B
B
B
B
B

√Ra 12.5 (√)

技术要求
1. 铸件不得有砂眼、裂纹。
2. 锐边倒角C1。
3. 全部螺纹均有C1.5的倒角。
4. 铸件应作时效处理。

| | 端盖 | | 比例 | 数量 | 材料 | 图号 |
|---|---|---|---|---|---|---|
| | | | 1：2 | 1 | HT150 | |
| 制图 | | | | ×××职业技术学院 | | |
| 审核 | | | | | | |

班级_____姓名_____学号_____

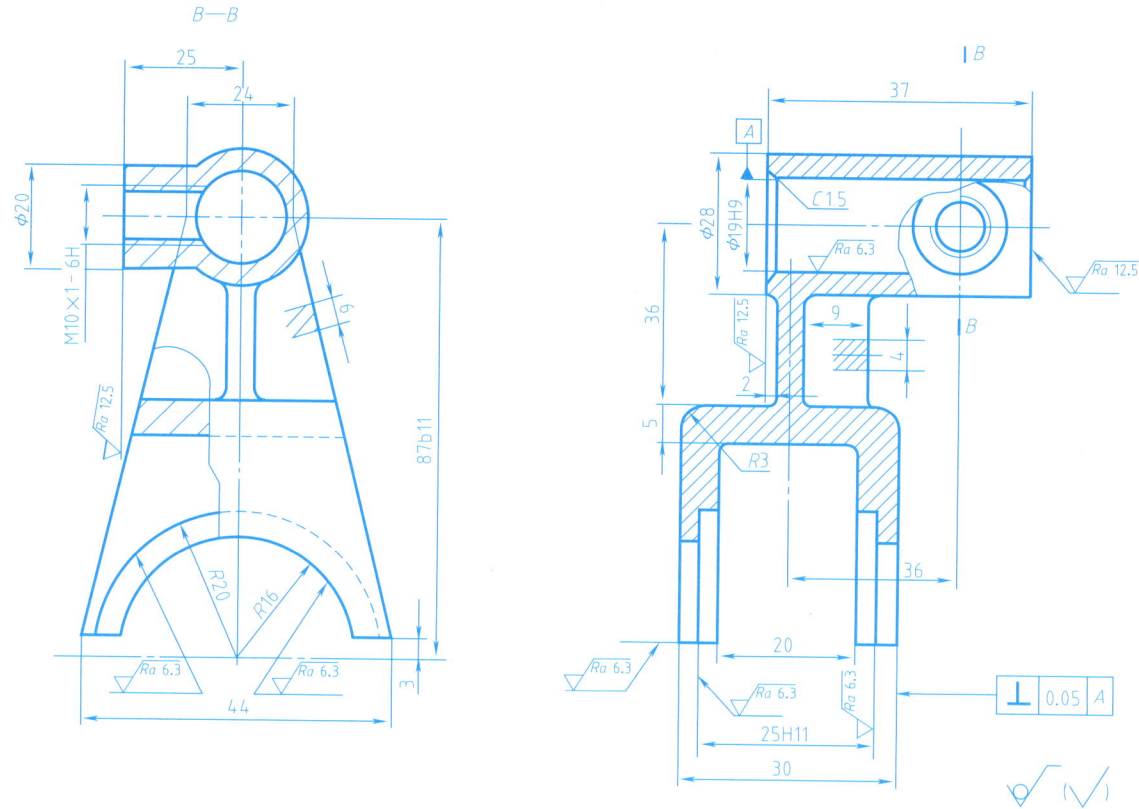

技术要求

1. 未注圆角为 $R3 \sim R5$。

2. 铸件不得有气孔、砂眼等缺陷。

3. 铸件应退火处理。

| | 拔叉 | | 比例 | 数量 | 材料 | 图号 |
|---|---|---|---|---|---|---|
| | | | 1:1 | 1 | HT200 | |
| 制图 | | | | | | |
| 审核 | | | ×××职业技术学院 | | | |

班级＿＿＿＿＿＿＿姓名＿＿＿＿＿＿＿学号＿＿＿＿＿＿＿

**1-8-7　读泄气阀的装配图**

看懂泄气阀的装配图后，完成：

1. 用适当的表达方法拆画阀杆套的零件图；

2. 要求在零件图上标注有配合要求的尺寸公差，并注出 $\phi 6$ 内表面的表面结构代号，该表面的 $Ra$ 上限值为 $6.3\mu m$。

进口

G3/4

$\phi 6H7/g5$

G1/2

出口

86

54

86

45

工作原理

推动阀杆 6，顶起钢球 4 打开或关闭阀口，从而达到泄气的目的。

| 7 | | 阀杆套 | 1 | 35 | |
|---|---|---|---|---|---|
| 6 | | 阀杆 | 1 | 35 | |
| 5 | | 阀座 | 1 | HT200 | |
| 4 | | 钢球 | 1 | 45 | |
| 3 | | 弹簧 | 2 | 5Si2Mn | |
| 2 | | 阀套 | 1 | Q235A | |
| 1 | | 调整螺套 | 1 | Q235A | |
| 序号 | 图号或标准号 | 名　称 | 数量 | 材　料 | 备注 |
| | 泄气阀 | 比例 | 重量 | 共 1 张 | （图号） |
| | | 1:2 | | 第 1 张 | |
| 制图 | | | | （厂名） | |
| 校核 | | | | | |

件7 B

B

Tr 14×2－7H/6g

9
8
7
6
5
4
3
2
1

$\phi 16 \dfrac{H11}{C11}$

M24×2

100～120

A—A

$\phi 2$

G3/8

A

G3/8

65　A

拆去件7、8、9

$\phi 25$

38×38

**工作原理**
本部件用于接通或断开
管路中流体。转动手轮（件
7）使阀杆（件6）一起转动，
阀杆通过螺纹作轴向移动，
从而打开或关闭流体的通路。

| 9 | GB/T 97.1 | 垫圈 8 | 1 | |
| 8 | GB/T 6170 | 螺母 M8 | 1 | |
| 7 | | 手轮 | 1 | 胶木 |
| 6 | | 阀杆 | 1 | 20Cr |
| 5 | | 螺母 | 1 | 45 |
| 4 | | 密封垫片 | 1 | |
| 3 | GB/T 3452.1 | O 形密封圈 | 2 | |
| 2 | | 阀体 | 1 | 45 |
| 1 | | 卸压螺钉 | 1 | 20Cr |
| 序号 | 图号或标准号 | 名　称 | 数量 | 材　料 | 备注 |

| 截止阀 | | 比例 | 重量 | 共 1 张 | （图号） |
| | | 1：1 | | 第 1 张 | |
| 制图 | | | | | |
| 校核 | | | | （厂名） | |

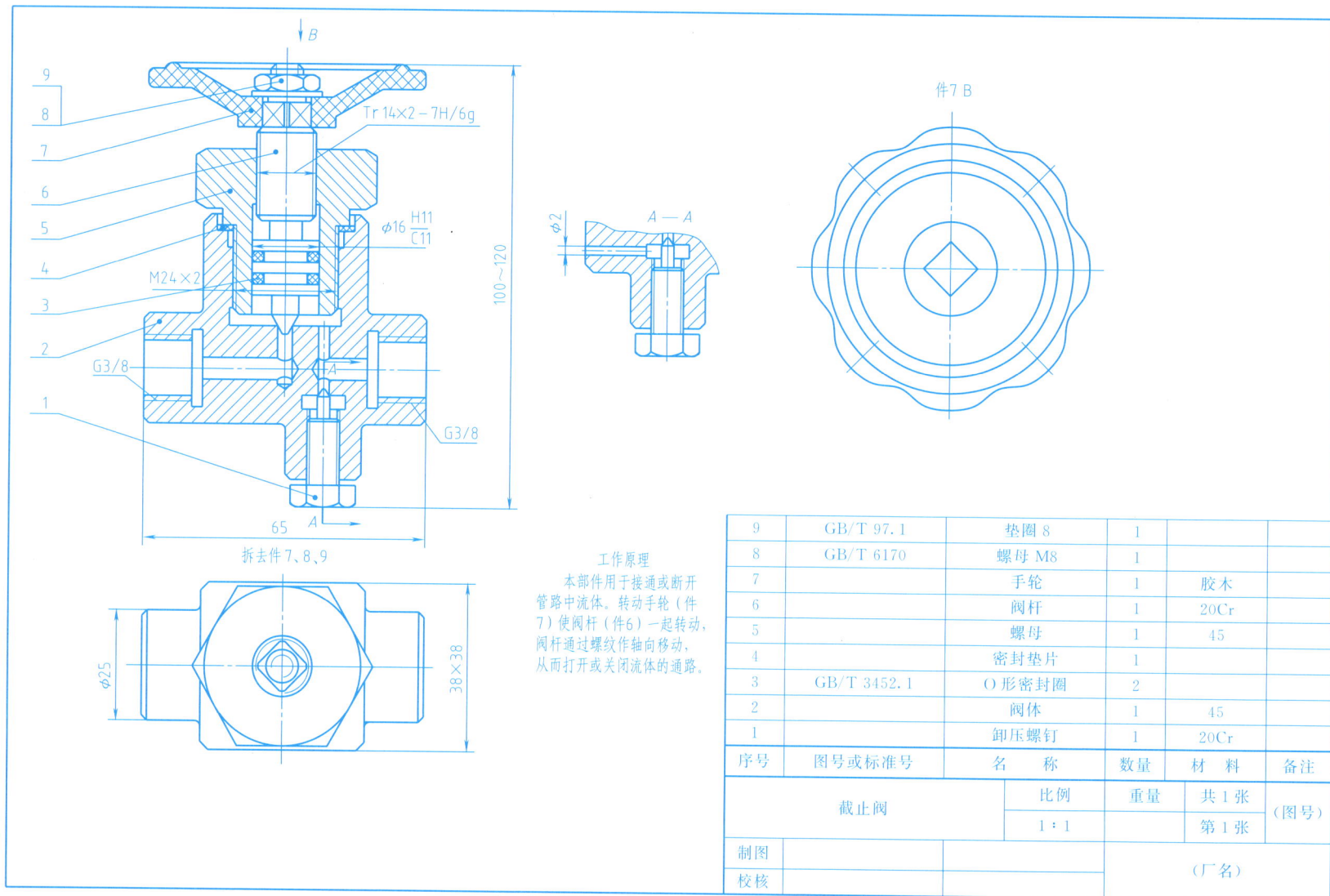

班级＿＿＿＿＿　姓名＿＿＿＿＿　学号＿＿＿＿＿

# 项目二　氧化锌生产实训车间测绘

## 模块一　熟悉氧化锌的生产过程

**2-1-1　思考并回答问题**

1. 简述氧化锌生产的工艺原理。

2. 简述氧化锌生产的工艺条件。

3. 氧化锌的生产过程可分为哪几个步骤？请具体说明。

# 模块二 化工设备图的绘制与识读

**2-2-1** 根据给定的标记，查表注写下列零部件的尺寸

1. EHA 1400×18（16.2)-16MnDR  GB/T 25198—2023

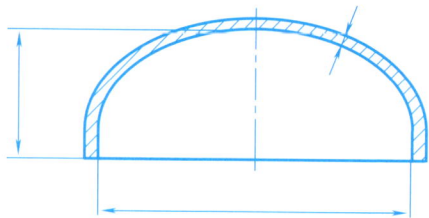

2. 补强圈 DN450×10-16MnDR  JB/T 4736—2002

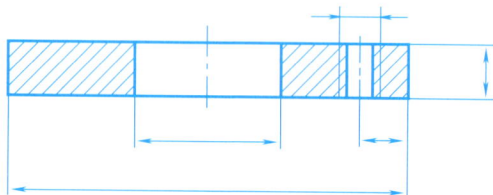

3. 法兰××-16  JB/T 81—2015（注：法兰材料为 Q235B；接管材料为 20 钢)

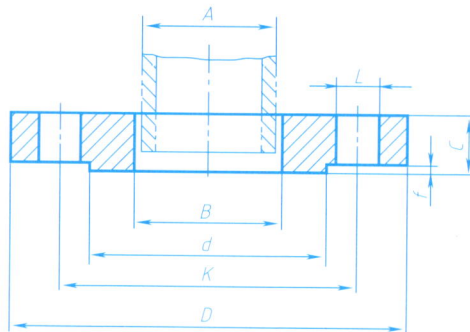

| 管口符号 | a | b | e | f | g₁~₂ |
|---|---|---|---|---|---|
| 公称压力/MPa | | | 0.25 | | |
| 接管尺寸/mm | $\phi 57\times 4$ | $\phi 38\times 3.5$ | $\phi 32\times 3.5$ | $\phi 45\times 4$ | $\phi 18\times 3$ |
| 公称直径 DN/mm | | | | | |

| | 法兰尺寸 | | | | | |
|---|---|---|---|---|---|---|
| | A | | | | | |
| | B | | | | | |
| | D | | | | | |
| | K | | | | | |
| | d | | | | | |
| | C | | | | | |
| | f | | | | | |
| | L | | | | | |

4. 人孔 $DN450$，HG/T 21515—2014

5. NB/T 47065—2018，鞍座 BI 800-F（注：材料 Q235B）

    NB/T 47065—2018，鞍座 BI 800-S（注：材料 Q235B）

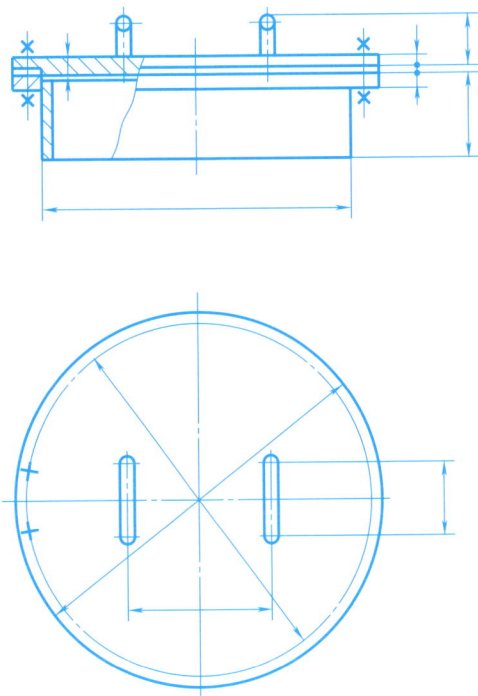

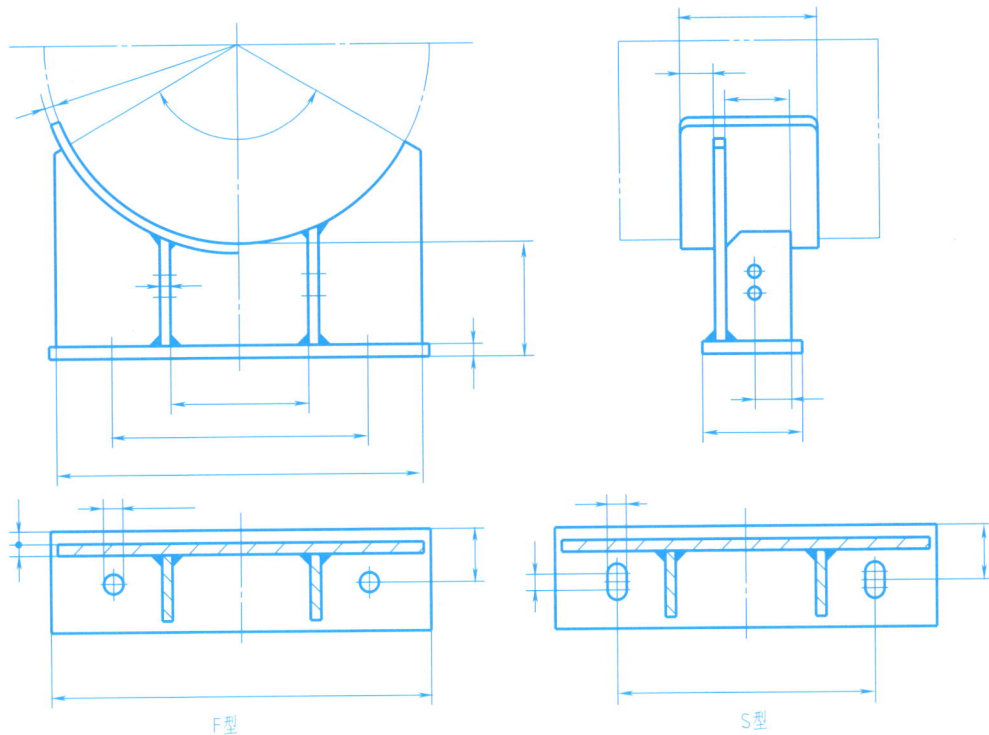

F 型　　　　　　　　　　　S 型

## 2-2-2　根据示意图拼画化工设备图（或用 AutoCAD 绘图）

### 作业指导

#### 一、作业目的

1. 熟悉化工设备图的内容与表达特点。

2. 掌握化工设备图的作图步骤。

#### 二、内容与要求

1. 根据装配示意图，结合作业 2-2-1 查表所得的数据，拼画储罐的装配图，并标注尺寸。

2. 使用 A2 图纸，横放，绘图比例自定。

3. 图名为"卧式储罐 $V = 3m^2$"。

4. 除人孔接管伸出长度为 120mm 外，其他接管伸出长度均为 100mm。

#### 三、注意事项

1. 画图前应先看懂装配示意图及有关零部件图，了解设备的工作情况及各零部件间的装配连接关系。

2. 要合理布置视图及标题栏、明细栏、管口表、设计数据表、技术要求。

3. 筒体、封头、接管的壁厚可夸大画出。

4. 在剖视图中，同一零件的剖面线在各视图中应一致，而相邻两零件的剖面线应相反或间隔不同。

### 设计数据表

| 规范 | 《固定式压力容器安全技术监察规程》TSG 21—2016　《承压设备无损检测》NB/T 47013—2015<br>《压力容器》GB/T 150—2024　《钢制化工容器结构设计规范》HG/T 20583—2020 | | | |
|---|---|---|---|---|
| | | 压力容器类型 | | |
| 介质 | 混合液态物料 | 焊条型号 | E4303 | |
| 材质 | 16MnDR | 焊接规程 | 按 JB/T 4709 规定 | |
| 工作温度/℃ | ≤100℃ | 焊接结构 | 除注明外采用全焊透结构 | |
| 工作压力/MPa | 0.25 | 除注明外角焊缝腰高 | | |
| 设计温度/℃ | | 管法兰与接管焊接标准 | 按相应法兰标准 | |
| 设计压力/MPa | | 焊接接头类型 | 方法-检测率 | 标准-级别 |
| 腐蚀裕量/mm | 0.5 | 无损探伤　A、B | 容器 | |
| 焊接接头系数 | 0.85 | C、D | 容器 | |
| 热处理 | | 全容积 | 3m³ | |
| 水压试验压力卧式/MPa | 0.25 | 安装环境 | | |
| 气密性试验压力/MPa | 0.1 | 无图零件切割表面粗糙度 | $\sqrt{Ra\ 25}$ | |
| 保温层厚度/防火层厚度/mm | | | | |
| 表面防腐要求 | | 管口方位 | 管口方位按本图 | |

### 管口表

| 序号 | 公称尺寸 | 连接尺寸标准 | 连接面形式 | 用途或名称 |
|---|---|---|---|---|
| a | 50 | JB/T 81 | 凸面 | 进料口 |
| b | 32 | JB/T 81 | 凹面 | 排气口 |
| c | G1 | TH3037 | 螺纹 | 温度计口 |
| d | 450 | JB/T 21515 | — | 人孔 |
| e | 25 | JB/T 81 | 凸面 | 排污口 |
| f | 40 | JB/T 81 | 凸面 | 出料口 |
| $g_{1\sim2}$ | 15 | JB/T 81 | 平面 | 液面计口 |

班级＿＿＿＿＿　姓名＿＿＿＿＿　学号＿＿＿＿＿

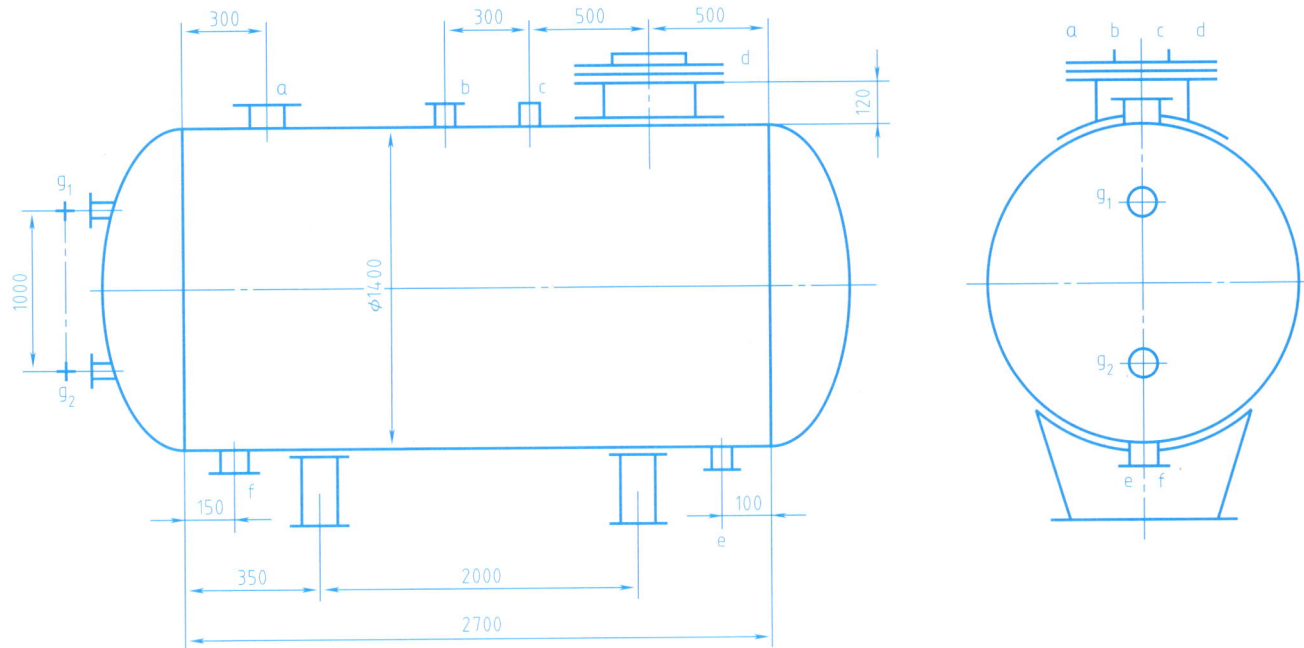

技术要求

1. 本设备按《压力容器》GB/T 150—2024 进行设计、制造、试验和验收。

2. 本设备按 JB/T 4709—2000《钢制压力容器焊接规程》，全部采用电焊焊接，焊条型号为 E4303，焊接接头形式及尺寸按 GB/T 985—1980 的规定。

3. 设备制成后，以 0.25MPa 水压试验后，再以 0.1MPa 进行气密性试验。

4. 设备外表面涂漆。

班级_____ 姓名_____ 学号_____

## 2-2-3　读冷凝器装配图，回答问题

### 冷凝器的工作原理

冷凝器是一种换热设备，用于物料间进行热量交换，是化工生产中常用的一种通用设备。在化工生产中，对流体加热或冷却，以及液体汽化或蒸汽冷凝等过程中都需要进行热量交换，因而都需要用到冷凝器。

冷凝器的工作原理是两种介质各自通过管内及管间进行热量交换。

固定管板式冷凝器是列管式换热器的一种，主要由固定在管板上的管子、管板和壳体组成。这种换热器的结构比较简单、紧凑，便于清洗管内及更换管子，但清洗管外比较困难，适用于壳程介质清洁、不易结垢，管内需清洗及温差较小的场合。

卧式换热器用鞍式支座固定在基础上。

### 看懂冷凝器的装配图，填空

1. 图中零件共有＿＿＿＿＿＿种，属于标准化的零部件有＿＿＿＿＿＿种，接管口有＿＿＿＿＿＿个。

2. 装配图采用了＿＿＿＿＿＿个基本视图，一个是＿＿＿＿＿＿视图，另一个是＿＿＿＿＿＿视图。主视图采用的是＿＿＿＿＿＿的表达方法，右视图采用的是＿＿＿＿＿＿的表达方法。

3. A—A 剖视表达了＿＿＿＿＿＿型和＿＿＿＿＿＿型鞍式支座，其结构的＿＿＿＿＿＿不同。

4. 图中采用了＿＿＿＿＿＿个局部放大图，主要表达了＿＿＿＿＿＿和＿＿＿＿＿＿以及＿＿＿＿＿＿。

5. 冷凝器共有＿＿＿＿＿＿根管子。管内走的是＿＿＿＿＿＿，管外（壳程）走的是＿＿＿＿＿＿。用铅笔在图中画出流体的走向。

6. 冷凝器的内径为＿＿＿＿＿＿＿＿，外径为＿＿＿＿＿＿＿＿，该设备的总长为＿＿＿＿＿＿＿＿，总高为＿＿＿＿＿＿＿＿。

7. 换热管的长度为＿＿＿＿＿＿＿＿，壁厚为＿＿＿＿＿＿＿。

8. "法兰 25-1.6"（件 14）的含义是：

法兰：＿＿＿＿＿＿＿＿＿＿＿＿。

　　25：＿＿＿＿＿＿＿＿＿＿＿＿。

　　1.6：＿＿＿＿＿＿＿＿＿＿＿＿。

班级＿＿＿＿＿＿＿＿姓名＿＿＿＿＿＿＿＿学号＿＿＿＿＿＿＿＿

## 2-2-3　读冷凝器装配图，回答问题（续）

冷凝器装配图（一）

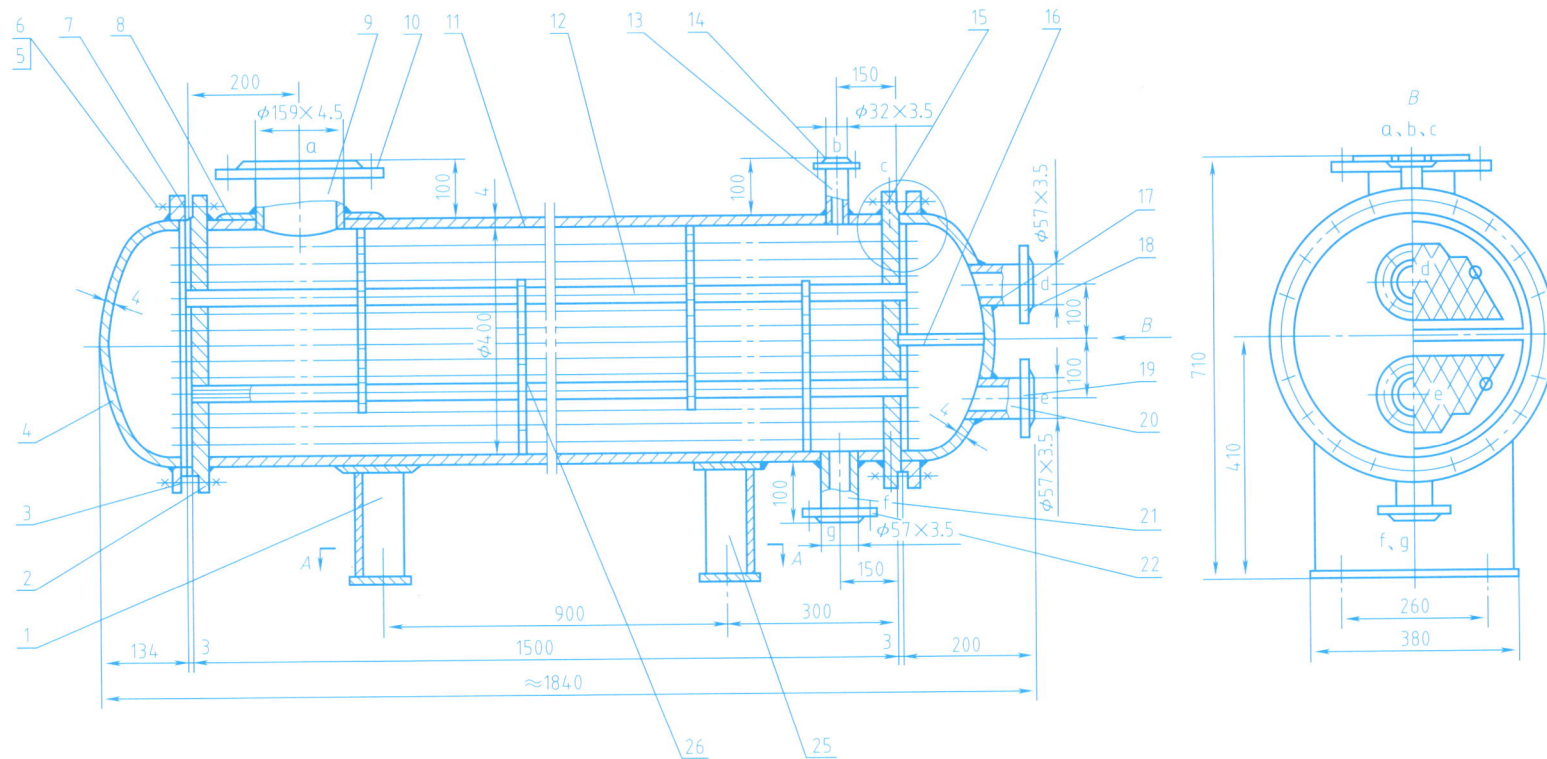

班级＿＿＿＿　姓名＿＿＿＿　学号＿＿＿＿

## 冷凝器装配图（二）

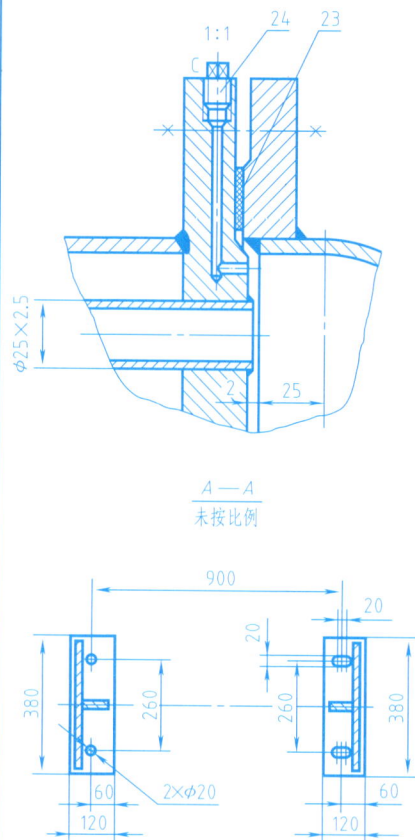

1:1
24  23

$\phi25\times2.5$

2　25

A—A
未按比例

900
20
20
380
260
260
380
260
60
$2\times\phi20$
120
60
120

### 设计数据表

| 规范 | 《固定式压力容器安全技术监察规程》TSG 21—2016　《承压设备无损检测》NB/T 47013—2015　《热交换器》GB/T 151—2014　《压力容器》GB/T 150—2024 | | | | |
|---|---|---|---|---|---|
| 名称 | 壳程 | 管程 | 压力容器类型 | | I |
| 介质 | 料气 | 水 | 焊条型号 | | E4303 |
| 介质特性 | | | 焊接规程 | | 按 JB/T 4709 |
| 工作温度/℃ | 55 | 20 | 焊接结构 | | 除注明外采用全焊透结构 |
| 工作压力/MPa | 0.15 | 0.3 | 除注明外角焊缝腰高 | | |
| 设计温度/℃ | | | 管法兰与接管焊接标准 | | 按相应法兰标准 |
| 设计压力/MPa | | | 管板与筒体连接应采用 | | |
| 金属温度/℃ | | | 管子与管板连接 | | |
| 腐蚀裕量/mm | 2 | 1.5 | 焊接接头类型 | 方法-检测率 | 标准-级别 |
| 焊接接头系数 | 0.85 | 0.85 | 无损探伤 | A、B | 壳程 |
| 程数 | I | II | | | 管程 |
| 热处理 | | | | | 壳程 |
| 水压试验压力/卧式/立式/MPa | 0.2 | 0.45 | | C、D | 管程 |
| 气密性试验压力/MPa | 0.1 | | 管板密封面与壳体轴线/mm垂直度公差 | | |
| 保温层厚度/防火层厚度/mm | | | | | |
| 换热面积（外径）/m² | | 17 | 无图零件切割表面粗糙度 | $\sqrt{Ra\ 25}$ | |
| 表面防腐要求 | | | 管口方位 | 见管口方位图 | |

### 技术要求

1. 对接接头采用 V 型、T 型接头采用角焊缝，法兰的焊接按相应的标准。
2. 补强圈及接管焊接参考 GB 150—1998。
3. 壳体焊缝应进行无损探伤检查。
4. 设备外表面涂漆。

### 管口表

| 符号 | 公称直径 | 连接尺寸、标准 | 连接面形式 | 用途或名称 |
|---|---|---|---|---|
| a | 150 | JB/T 81 | 平面 | 料气入口 |
| b | 30 | JB/T 81 | 平面 | 放空口 |
| c | — | G1/4 | 螺纹 | 排气孔 |
| d | 50 | JB/T 81 | 平面 | 出水口 |
| e | 50 | JB/T 81 | 平面 | 进水口 |
| f | — | G1/4 | 螺纹 | 放水口 |
| g | 50 | JB/T 81 | 平面 | 冷凝液出口 |

| 序号 | 图号或标准号 | 名称 | 数量 | 材料 | 备注 |
|---|---|---|---|---|---|
| 26 | | 折流板 | 14 | Q235B | |
| 25 | NB/T 47065.1 | 鞍座 B I 400-S | 1 | Q235B | |
| 24 | | 管堵 G1¼ | 2 | Q235B | |
| 23 | NB/T 47024 | 垫片 400-1.6 | 1 | 橡胶石棉板 | |
| 22 | JB/T 81 | 法兰 57-1.6 | 1 | Q235B | |
| 21 | | 接管 $\phi57\times3.5$ | 1 | 20 | $l=120$ |
| 20 | | 接管 $\phi57\times3.5$ | 1 | 20 | $l=120$ |
| 19 | JB/T 81 | 法兰 50-1.6 | 1 | Q235B | |
| 18 | JB/T 81 | 法兰 50-1.6 | 1 | Q235B | |
| 17 | | 接管 $\phi57\times3.5$ | 1 | 20 | $l=120$ |
| 16 | | 隔板 | 1 | Q345R | $t=6$ |
| 15 | | 管板 | 1 | Q345R | $t=22$ |
| 14 | JB/T 81 | 法兰 25-1.6 | 1 | Q235B | |
| 13 | | 接管 $\phi32\times3.5$ | 1 | 20 | $l=110$ |
| 12 | | 管子 $\phi25\times2.5$ | 98 | 20 | $l=1510$ |
| 11 | | 筒体 DN400×4 | 1 | Q345R | $H=1465$ |
| 10 | JB/T 81 | 法兰 150-1.6 | 1 | Q235B | |
| 9 | | 接管 $\phi159\times4.5$ | 1 | 20 | $l=120$ |
| 8 | NB/T 47013 | 补强圈 DN150×4.5-C | 1 | Q235B | |
| 7 | NB/T 47024 | 垫片 400-1.6 | 1 | 橡胶石棉板 | |
| 6 | GB/T 41 | 螺母 M16 | 40 | | |
| 5 | GB/T 5780 | 螺栓 M16×60 | 40 | | |
| 4 | GB/T 25198 | 椭圆封头 DN400×4 | 2 | Q345R | |
| 3 | JB/T 4701 | 法兰 P II 400-1.6 | 2 | Q235B | |
| 2 | | 管板 | 1 | Q345R | $t=22$ |
| 1 | NB/T 47065.1 | 鞍座 B I 400-S | 1 | Q235B | |
| 序号 | 图号或标准号 | 名称 | 数量 | 材料 | 备注 |

| 比例 | | 材料 | |
|---|---|---|---|
| | 1:10 | | |

| 制图 | | | 质量 | |
|---|---|---|---|---|
| 设计 | | 冷凝器　$F=17\text{m}^2$ | | |
| 描图 | | | 共　张 | |
| 审核 | | | 第　张 | |

## 2-2-4 读反应釜装配图，回答问题

### 反应釜的工作原理

反应釜是化工厂常用的典型设备之一，一般由釜体、传动装置和密封装置等结构组成。

釜体部分是物料反应的空间，酸液和碱液由加料管 f、g 分别加入釜内，经搅拌器搅拌和夹套内的冷冻盐水进行冷却（由工艺条件确定），经一定的时间达到要求后，生成物由接管 a 放出。

反应釜由焊在夹套上的耳式支座固定在基础上。

### 看懂反应釜的装配图，填空

1. 本设备的名称是_____，其规格是_____。

2. 图中零部件编号共有_____个，属于标准化的零部件有_____种，接管口有_____个。

3. 图样采用了_____个基本视图，一个是_____视图，采用了_____表达方法。

4. 图样采用了_____个局部放大图，其中 V 号局部放大图主要表达了_____和_____的焊接结构及尺寸。

5. 罐体上部封头通过_____连接，釜体与封头之间的连接形式为_____。

6. 该釜采用四个_____式支座，支座的垫板与夹套采取_____的方式固定。

7. 酸液自接管_____进入罐内，碱液自接管_____进入罐内，中和后的溶液从接管_____排出。为了提高反应速度和效果，搅拌器以_____的速度对物料进行搅拌。

8. 罐体内表面采用覆层材料，其目的：一是_____，二是_____。

9. 反应釜的总高为_____，总长（宽）为_____。按尺寸的性质，1800 属于_____尺寸，$\phi1000$ 属于_____尺寸，650 属于_____尺寸。

班级_____ 姓名_____ 学号_____

反应釜装配图（一）

班级＿＿＿＿＿＿ 姓名＿＿＿＿＿＿＿ 学号＿＿＿＿＿＿＿

## 反应釜装配图（二）

### 设计数据表

| 规范 | 《固定式压力容器安全技术监察规程》TSG 21—2016《承压设备无损检测》NB/T 47013—2015《热交换器》GB/T 151—2014《压力容器》GB/T 150—2014 | |
|---|---|---|
| 名称 | 容器 | 夹套 |
| 介质 | | 敏碱冷冻盐水 |
| 介质特性 | 酸碱溶液 | |
| 工作温度/℃ | 40 | -15 |
| 设计温度/℃ | | 常压 |
| 工作压力/MPa | 0.3 | |
| 设计压力/MPa | | 常压 |
| 腐蚀裕量/mm | 2 | 无 |
| 焊接接头系数 | 0.85 | 0.85 |
| 热处理 | | |
| 水压试验压力/MPa | 0.5 | |
| 气密性试验压力/MPa | | |
| 传热面积/m² | 4 | |
| 焊条型号 | E4303 | |
| 焊条规格 | | |
| 焊接规程 | 按JB/T 4709 | |
| 焊接结构 | 除注明外采用全焊透结构 | |
| 焊接接头角焊缝高 | 除注明外角焊缝 | |
| 管法兰与接管焊接标准 | 按相应法兰标准 | |
| 焊缝接头类型 A、B 容器 C、D 夹套 | 方法 探伤 标准 检测率 级别 | |
| 全容积/m³ | 1.8 | |
| 搅拌器形式 | | |
| 搅拌装器转速(r/min) | 200 | |
| 电机功率/kW 防爆等级形式 | J02-31-4 2.2kW | |
| 保温层厚度 防火层厚度/mm | | |
| 表面防腐要求 | | |
| 其他 | 见管口方位图 | |

### 技术要求

1. 本设备的釜体用不锈钢复合板制造，覆层材料为1Cr18Ni9Ti，其覆层有2mm。
2. 焊接结构除有图示外，其他按GB/T 985—1988规定。对接接头采用V型。T型接头采用角焊缝。法兰的焊接按相应的法兰标准。
3. 不锈钢与不锈钢焊接采用E1 23-13-16焊条。其他钢与碳钢焊接采用E430焊条。
4. 釜体与夹套的焊缝应作超声波探伤做X光检验。其焊缝焊接应做0.5MPa水压试验。
5. 缝质量设备组装后应试运转。搅拌轴转动应轻便自如。不应有不正常的噪声和较大的振动不良现象。搅拌轴下端的径向摆动量不大于0.75。
6. 铁红色酚醛底漆。并用80mm厚软木做保冷层。釜体外表面涂冷层。
7. 安装所用地脚螺栓直径为M24。

### 管口表

| 符号 | 公称直径 | 连接尺寸标准 | 连接面形式 | 用途或名称 |
|---|---|---|---|---|
| a | 50 | JB/T 81 | 平面 | 出料口 |
| $b_{1-2}$ | 50 | JB/T 81 | 平面 | 盐水进口 |
| $c_{1-2}$ | 50 | JB/T 81 | 平面 | 盐水出口 |
| d | 125 | JB/T 81 | 平面 | 检测口 |
| e | 150 | — | — | 手孔 |
| f | 50 | JB/T 589 | 平面 | 酸液进口 |
| g | 25 | JB/T 81 | 平面 | 碱液进口 |
| h | — | M27×2 | 螺纹 | 温度计口 |
| i | 25 | JB/T 81 | 平面 | 放空口 |
| j | 40 | JB/T 81 | 平面 | 备用口 |

### 明细表（设备总质量：1100kg）

| 序号 | 名称 | 图号或标准号 | 数量 | 材料 | 备注 |
|---|---|---|---|---|---|
| 46 | 接管 φ40×2.5 | | 1 | 1Cr18Ni9Ti | l=145 |
| 45 | 接管 φ32×2 | | 1 | 1Cr18Ni9Ti | l=145 |
| 44 | 接口 M27×2 | | 1 | 1Cr18Ni9Ti | |
| 43 | 垫口 50-25 | NB/T 47024 | 1 | 石棉橡胶板 | |
| 42 | 螺母 M12 | GB/T 41 | 8 | 1Cr18Ni9Ti | |
| 41 | 螺栓 M12×45 | GB/T 5780 | 8 | 1Cr18Ni9Ti | |
| 40 | 法兰盖 50-25 | JB/T 86 | 1 | 1Cr18Ni9Ti | 钻孔 φ46 |
| 39 | 接管 φ45×2.5 | GB/T 81 | 1 | 1Cr18Ni9Ti | l=750 |
| 38 | 法兰 45-25 | GB/T 41 | 2 | 1Cr18Ni9Ti | |
| 37 | 螺母 M20 | GB/T 5780 | 36 | Q235B | |
| 36 | 螺栓 M20×110 | NB/T 47013 | 36 | Q235B | |
| 35 | 补强圈 DN168×8 | JB/T 598 | 1 | 1Cr18Ni9Ti | |
| 34 | 手孔 A PN1DN150 | GB/T 93 | 6 | | |
| 33 | 垫圈 12 | GB/T 41 | 6 | | |
| 32 | 螺母 M12 | GB/T 898 | 6 | Q235B | |
| 31 | 补强圈 DN125×8 C | NB/T 47013 | 1 | | l=145 |
| 30 | 接管 φ133×4 | JB/T 81 | 1 | 1Cr18Ni9Ti | |
| 29 | 法兰 125-25 | GB/T 47024 | 1 | Q235B | |
| 28 | 垫片 125-25 | JB/T 86 | 1 | 石棉橡胶板 | |
| 27 | 法兰盖 125-25 | GB/T 41 | 1 | 1Cr18Ni9Ti | |
| 26 | 螺母 M16 | GB/T 5780 | 8 | | |
| 25 | 螺栓 M16×65 | | 8 | 1Cr18Ni9Ti | |
| 24 | 减速机 LJC-250-23 | HG/T 2048.1 | 1 | | |
| 23 | 键 10×50 | GB/T 812 | 1 | | |
| 22 | 螺栓 M24×75 | HG/T 2048.1 | 1 | Q235B | |
| 21 | 填料箱 DN40 | | 1 | | |
| 20 | 底座 | JB/T 81 | 1 | Q235B | |
| 19 | 法兰 25-2.5 | | 2 | 1Cr18Ni9Ti | |
| 18 | 接管 φ32×2 | GB/T 25198 | 1 | 1Cr18Ni9Ti | |
| 17 | 椭圆封头 DN100×10 | | 1 | Q345R(外) | |
| 16 | 椭圆封头 DN100×10 | GB/T 25198 | 1 | Q235B | |
| 15 | 法兰 C PⅢ1000-2.5 | NB/T 47022 | 2 | 1Cr18Ni9Ti(里) | l=10 |
| 14 | 垫片 1000-2.5 | NB/T 47024 | 1 | 石棉橡胶板 | |
| 13 | 筒板 280-180 | | 4 | Q235B | |
| 12 | 釜体 DN1000×10 | NB/T 47065.3 | 1 | 1Cr18Ni9Ti(里) | Q345R |
| 11 | 夹套 DN1000×10 | | 1 | Q345R(里) | l=970 |
| 10 | 轴 φ40 | GB/T 1096 | 1 | Q345R | |
| 9 | 键 12×45 | | 4 | Q235B | |
| 8 | 搅拌器 300-40 | HG/T 20505 | 2 | 20 | l=135 |
| 7 | 法兰 50-25 | JB/T 81 | 4 | Q235B | l=145 |
| 6 | 接管 φ32×2 | GB/T 25198 | 1 | 1Cr18Ni9Ti | l=145 |
| 5 | 椭圆封头 DN100×10 | GB/T 25198 | 4 | Q345R | 20 |
| 4 | 接口 φ57×2.5 | JB/T 81 | 4 | Q235B | |
| 3 | 法兰 50-25 | JB/T 81 | 2 | Q235B | |
| 2 | 接管 φ57×2.5 | JB/T 81 | 2 | 1Cr18Ni9Ti | |
| 1 | 法兰 50-25 | | 2 | 1Cr18Ni9Ti | |

**标题栏：** 制图 / 设计 / 描图 / 审核　反应釜　DN1000　$V_N = 1m^3$　比例 1:20　共 张　第 张　质量

# 模块三 化工工艺图的绘制与识读

**2-3-1 阅读润滑油精制工段管道及仪表流程图，并回答问题**（图例见下页）

1. 阅读标题栏及首页图，从中了解图样名称和图形符号、代号的意义。

2. 看图中的设备，了解设备名称、位号及数量，大致了解设备的用途。

该工段共有设备_____台，自左到右分别为_____、_____、_____、_____、_____、_____、

_____、_____、_____、_____、_____、_____、_____、_____、_____。

其中静设备_____台，动设备_____台。

3. 阅读流程图，了解主物料介质流向。

其主流程是原料油与_____介质，在_____设备内混合搅拌后，去圆筒炉加热。

原料混合前在_____设备与_____油通过热量交换进行预热。

对影响润滑油使用性能的轻质组合，在塔顶通过_____设备和_____设备抽入集油槽进行回收。

4. 看其他介质流程线，了解各种介质与主物料如何接触与分离。

白土与润滑油混合后，吸附了润滑油原料中的机械杂质、胶质、沥青质等，再通过_____设备进行分离。

5. 看动力系统流程，了解蒸汽、水、电用途。

塔底吹入_____介质，有利携带轻质馏分到塔顶，然后进入冷凝器_____。循环冷却水来自_____，然后分为

_____路，其中一路去_____设备进行喷淋，有一路经过_____设备后，去_____塔。

6. 看仪表控制系统，了解各种仪表安装位置及测量和控制参量。

在往复泵出口，就地安装有_____仪表；在离心泵出口，就地安装有_____仪表。

原料油与白土混合后，进入_____设备，在设备内部和出口，通过仪表测量并控制其_____参量。

7. 通过流程图，了解开停工顺序及进行应急处理设想。

若遇到突然停电，装置受影响的动设备是_____、_____和_____。

简述停工时，设备关停顺序及阀门关闭顺序。

班级_____姓名_____学号_____

## 2-3-1 阅读润滑油精制工段管道及仪表流程图，并回答问题（续）

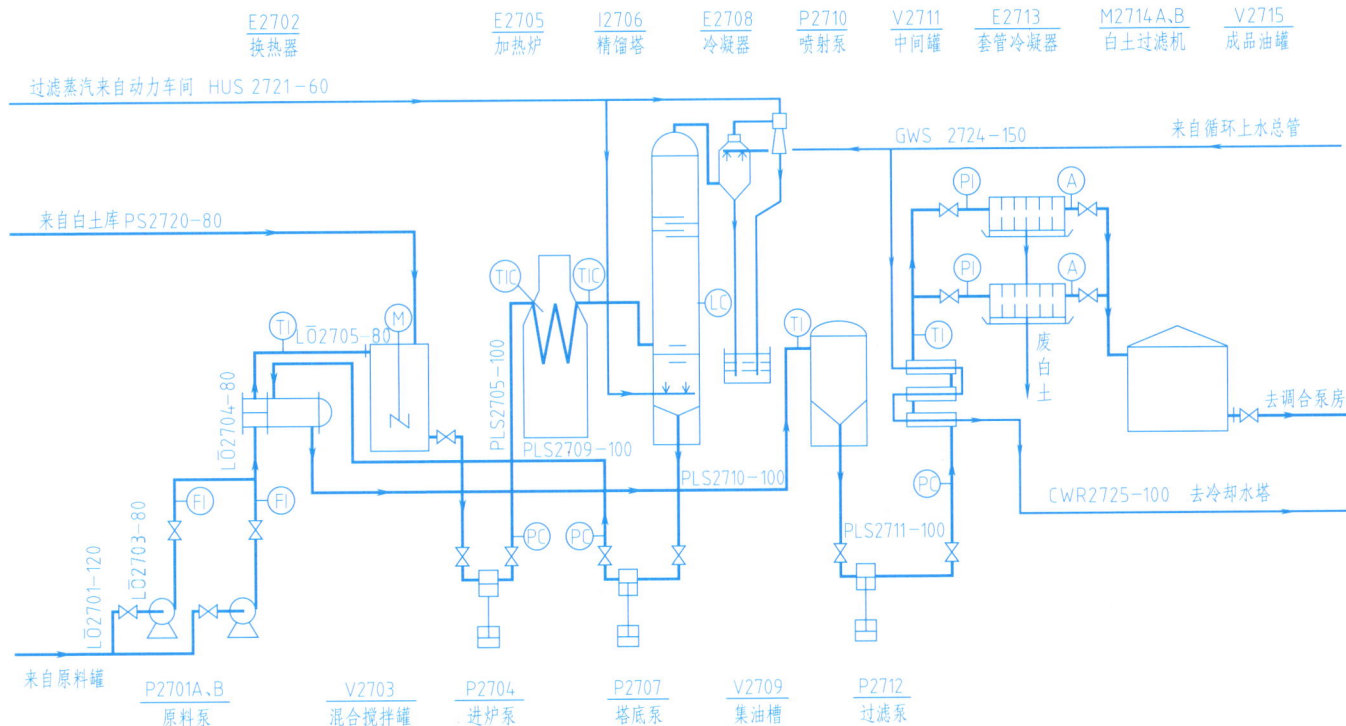

| E2702 | E2705 | I2706 | E2708 | P2710 | V2711 | E2713 | M2714A、B | V2715 |
|-------|-------|-------|-------|-------|-------|-------|-----------|-------|
| 换热器 | 加热炉 | 精馏塔 | 冷凝器 | 喷射泵 | 中间罐 | 套管冷凝器 | 白土过滤机 | 成品油罐 |

过滤蒸汽来自动力车间 HUS 2721-60

GWS 2724-150　来自循环上水总管

来自白土库 PS2720-80

废白土

去调合泵房

LO2705-80

PLS2705-100

PLS2709-100

PLS2710-100

PLS2711-100

CWR2725-100　去冷却水塔

LO2704-80

LO2703-80

LO2701-120

来自原料罐

| P2701A、B | V2703 | P2704 | P2707 | V2709 | P2712 |
|-----------|-------|-------|-------|-------|-------|
| 原料泵 | 混合搅拌罐 | 进炉泵 | 塔底泵 | 集油槽 | 过滤泵 |

| | | | 比例 | 材料 |
|---|---|---|---|---|
| 制图 | | | | 质量 |
| 设计 | | | 润滑油精制工段 | |
| 描图 | | | 管道及仪表流程图 | 共　张 |
| 审核 | | | | 第　张 |

班级＿＿＿＿＿＿　姓名＿＿＿＿＿＿　学号＿＿＿＿＿＿

**2-3-2　阅读润滑油精制设备布置图，并回答问题**（图例见下页）

1. 概括了解。

由标题栏可知，该图为润滑油精制工段的设备布置图，共有两个视图：一个是＿＿＿＿＿＿图，一个是＿＿＿＿＿＿图。

2. 了解建筑物的结构、尺寸及定位。

该图画出了厂房定位轴线＿＿＿＿＿＿和＿＿＿＿＿＿，其横向轴线间距为＿＿＿＿＿＿m，纵向间距为＿＿＿＿＿＿m。该厂房地面标高为＿＿＿＿＿＿m。

3. 了解设备布置情况。

图中一共绘制有＿＿＿＿＿＿台设备。

在厂房内（泵区）安装有＿＿＿＿＿＿台动设备，对照润滑油精制工段管道及仪表流程图，其中有两台＿＿＿＿＿＿泵和两台＿＿＿＿＿＿泵。

在厂房外（塔区）地面布置了＿＿＿＿＿＿台静设备，依次是＿＿＿＿＿＿、＿＿＿＿＿＿、＿＿＿＿＿＿、＿＿＿＿＿＿、＿＿＿＿＿＿。

4. 看平面图和剖面图。

从平面图中可知，精馏塔（T2706）的支承点标高是＿＿＿＿＿＿m，横向定位尺寸是＿＿＿＿＿＿m，纵向定位尺寸是＿＿＿＿＿＿m。中间罐（V2711）的支架顶面标高是＿＿＿＿＿＿m。套管冷凝器（E2713）支承点标高是＿＿＿＿＿＿m。

蒸汽往复泵（P2704、P2712）的基础尺寸为＿＿＿＿＿＿m×＿＿＿＿＿＿m，其两泵轴线间距为＿＿＿＿＿＿m。

从剖面图可知，真空泵（P2710）安装在塔顶附近，其标高为＿＿＿＿＿＿m。

精馏塔下部的原料入口管口标高为＿＿＿＿＿＿m，中间罐入口管口标高为＿＿＿＿＿＿m。

图中右上角有＿＿＿＿＿＿标，指明了厂房和设备的＿＿＿＿＿＿。

由平面图得知，定位基准点的坐标是＿＿＿＿＿＿。

班级＿＿＿＿＿＿　姓名＿＿＿＿＿＿　学号＿＿＿＿＿＿

0°
90°
180°
270°
N

EL 104.000
EL 100.000

支架见设备安装图×××
TOSEL 102.00

32区
5000
1800

A

V2711 POSEL102.000

3000 4000
3000

E2713 POSEL100.300

V2702 POSEL100.500

T2706 POSEL100.700

E2708 POSEL109.000

V2709 POSEL100.00

2000 1800 2500 4500

22区
1200
1800
M
P2701A POSEL 100.500
1300
3000
8000
P2712 POSEL 100.500
1000
4500
S;D
P2704 POSEL 100.500
2000
8000
18000
8000

EL100.000 平面

③
②
①

EL 112.500
EL 109.00
P 2710 POSEL 110.000
EL 102.800
A—A

A—A

A

B A
4500
6000
14500
4500 6000

基准点 x105.000 y58.000

材料
质量
比例 1:50
共 张
第 张

润滑油精制工段
设备布置图
EL 100.000 平面
A—A 剖面

制图
设计
描图
审核

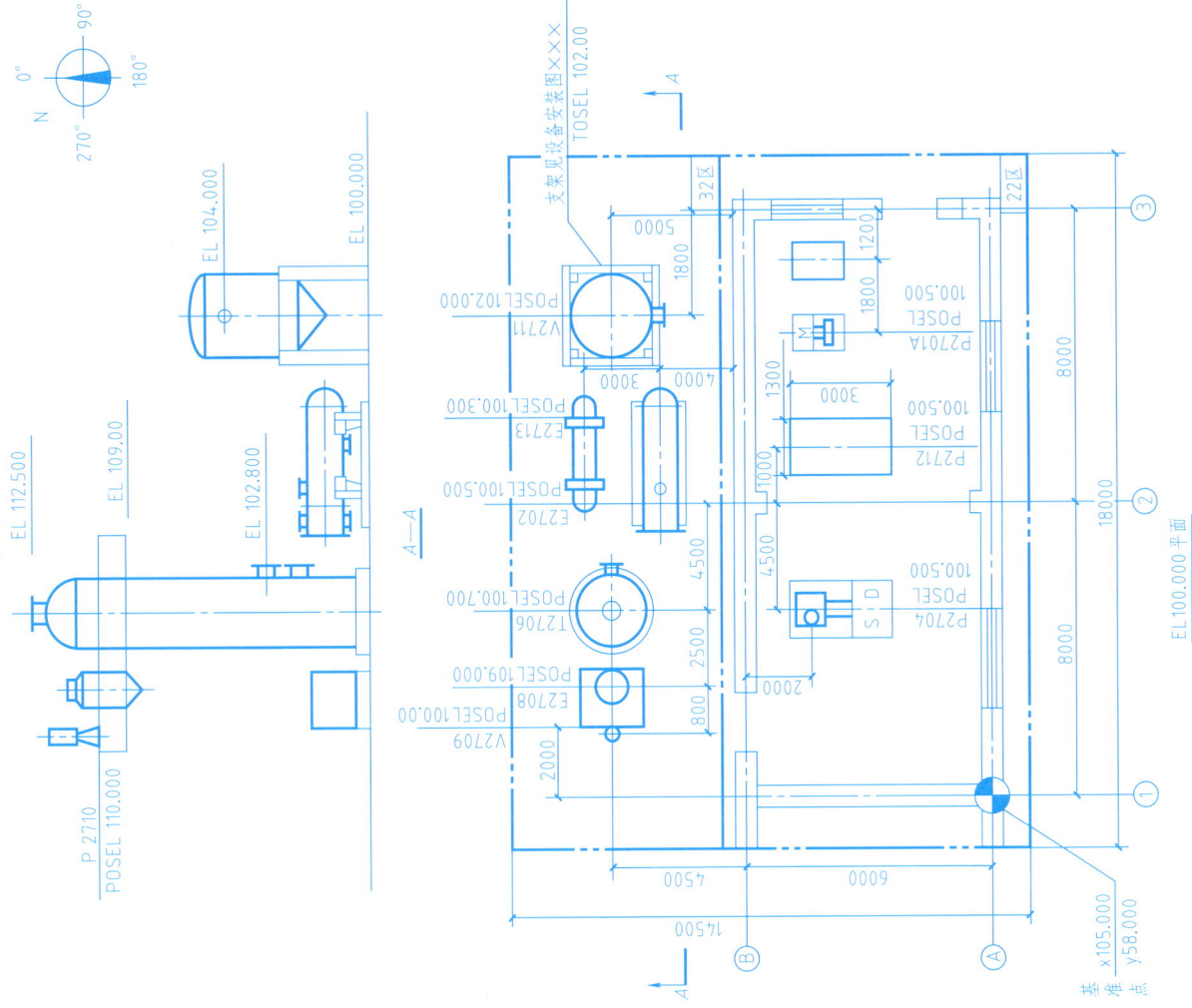

班级_____ 姓名_____ 学号_____

**2-3-3  阅读润滑油精制工段部分管道布置图，并回答问题**（图例见下页）

1. 概括了解视图关系。

该图中共有_____台设备。

该图画出了_____设备的_____个管口和_____设备的_____个管口的管道布置情况。

该图共用了_____个视图，一个是_____视图，一个是_____视图。

2. 了解厂房相关建筑的构造尺寸。

图中厂房有纵向定位轴线_____，横向定位轴线②、③的间距为_____m。

建筑轴线②确定了设备_____容器法兰面的定位，设备中心线距纵向定位轴Ⓑ为_____m。

建筑轴线③确定了设备_____中心线的位置，其距离为_____m。设备中心线距纵向定位轴Ⓑ为_____m。

管道布置有架空部分、_____部分和_____部分。

3. 分析管道，了解管道概况。

管道分为三部分：

润滑油原料自地沟来，从换热器_____部位进入，从换热器_____部位出来，去_____罐；塔底白土与润滑油混合物料，自塔底泵来，从换热器_____部位进入，从换热器壳层下部出来，然后去了_____设备；中间罐底部管道由_____位置去泵房（过滤泵）。

4. 详细查明管道走向、管道编号和安装高度。

设备 E2702 的管口均为_____连接，设备 E2702 壳层出口编号为 PLS2710-100，其管道从出口开始，先向前，然后向_____进入管沟，在管沟里向_____，再向上出管沟，最后拐向_____，从设备 V2711 顶部进入。其管口标高为_____m。

设备 V2711 的底部管线 PLS2711，自设备底部向_____，沿地面拐向_____，再向_____，然后进入地沟。

5. 了解管道上阀门管件，管架安装情况。

设备 E2702 管程出口管线 LO2705-80 的标高为_____，经过编号为_____的管架去白土混合罐。

在设备_____的入口管线上安装有_____仪表。在设备_____的出口管线上安装有_____仪表。

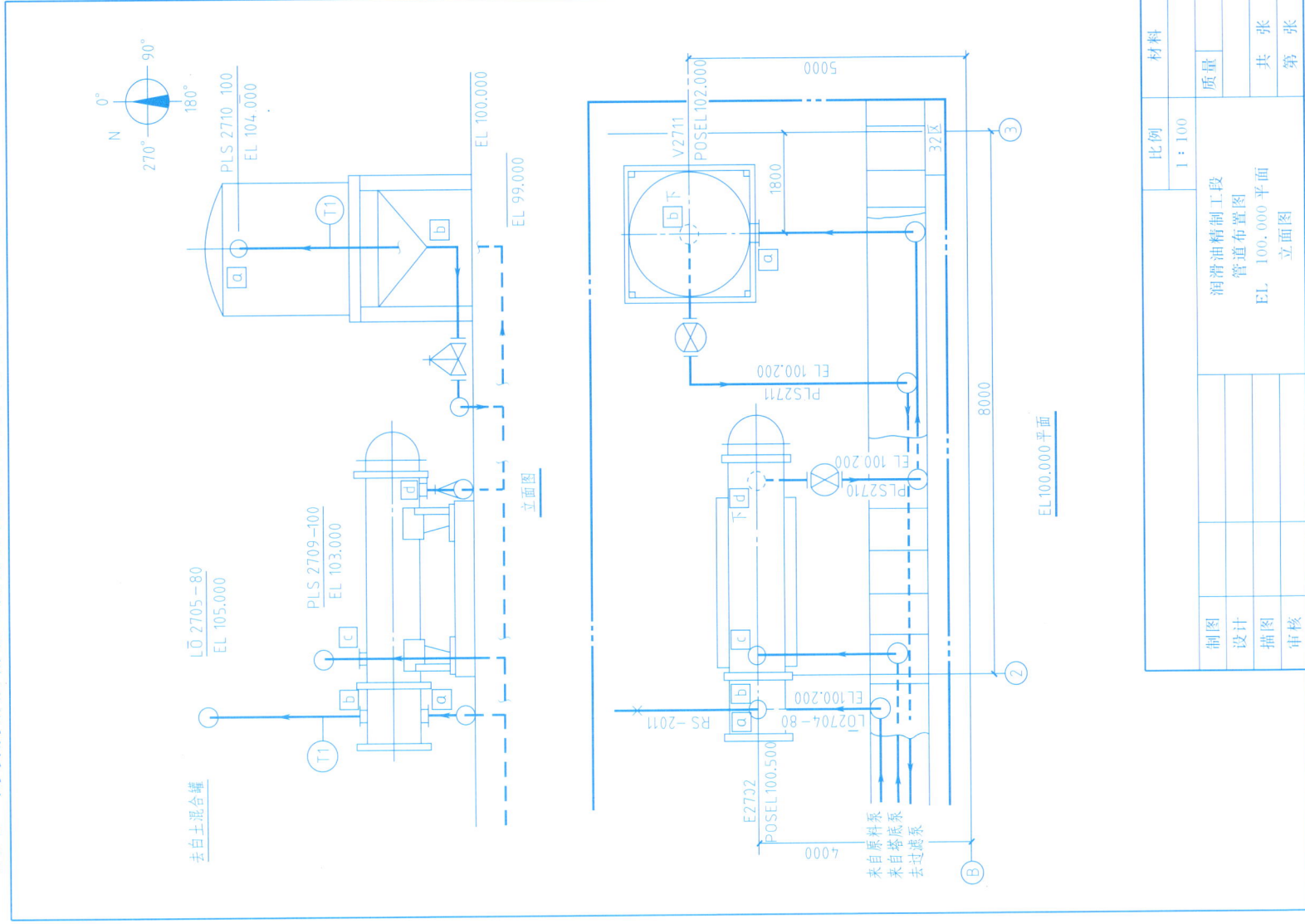

2-3-3 阅读润滑油精制工段部分管道布置图，并回答问题（续）

班级＿＿＿＿＿＿ 姓名＿＿＿＿＿＿ 学号＿＿＿＿＿＿

1. 已知管路的平面图和正立面图，画出其左、右立面图。

(1)

(2)

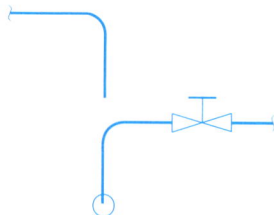

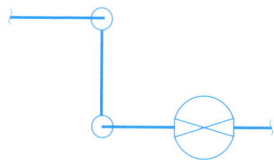

2. 已知管路的正立面图，画出其平面图和左、右立面图（宽度尺寸自定）。

(1)

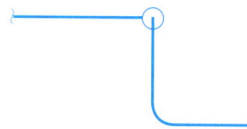

(2)

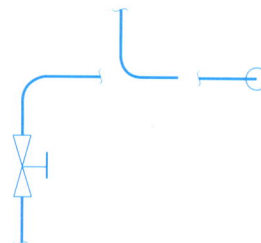

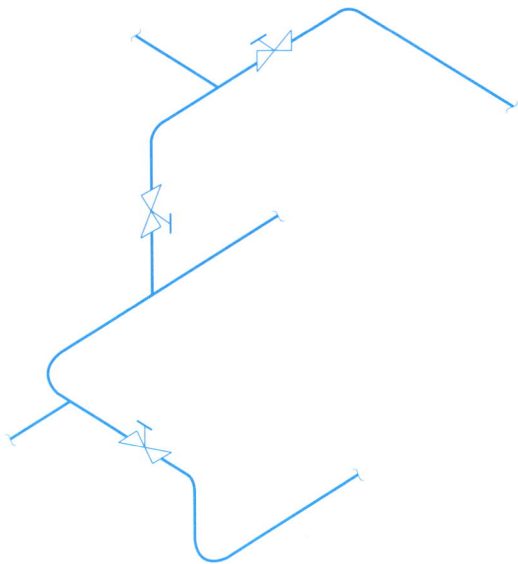

2-3-6  根据下面管路的平面图和立面图，画出管路的轴测图

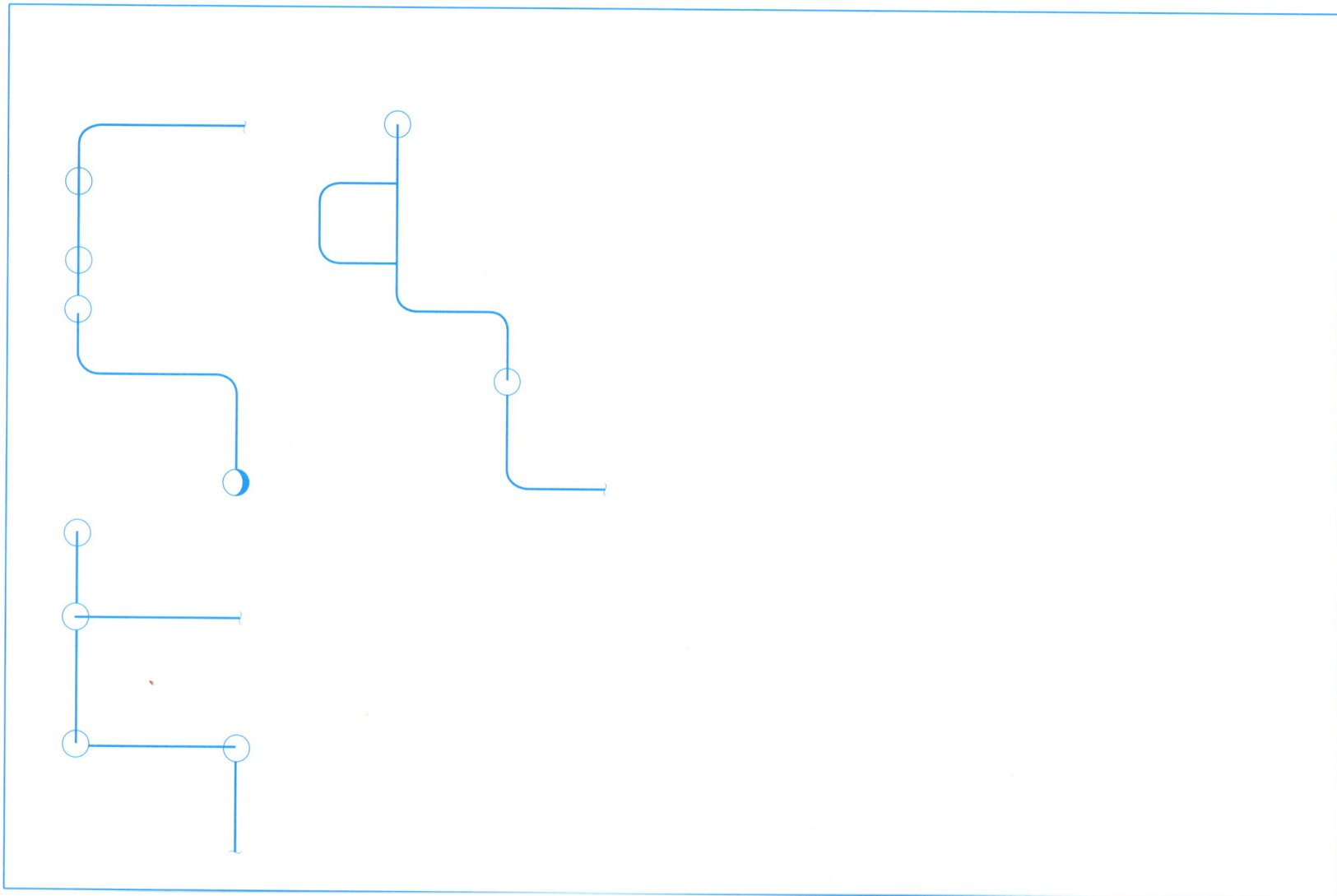

# 部分习题立体图参考

| | |
|---|---|
| 1-4-12　第1题 | 1-4-12　第2题 |
| 1-4-12　第3题 | 1-4-12　第4题 |
| 1-4-12　第5题 | 1-4-12　第6题 |
| 1-4-13　第1题 | 1-4-13　第2题 |
| 1-4-13　第3题 | 1-4-13　第4题 |
| 1-4-14　第1题 | 1-4-14　第2题 |

# 部分习题立体图参考

1-4-14　第 3 题
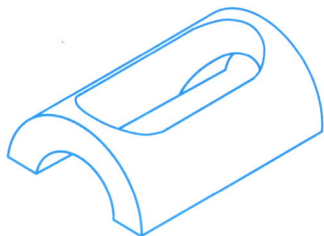

1-4-14　第 4 题
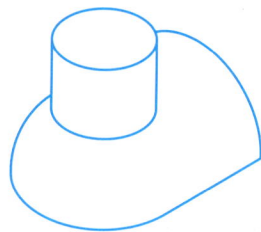

1-4-20　第 2 题
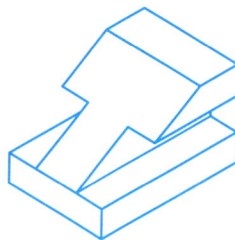

1-4-20　第 3 题
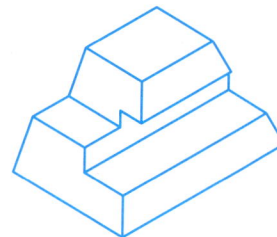

1-4-21　第 3 题
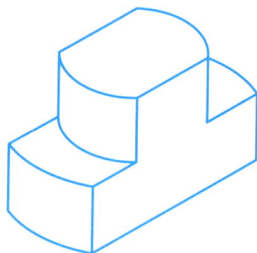

1-4-21　第 4 题
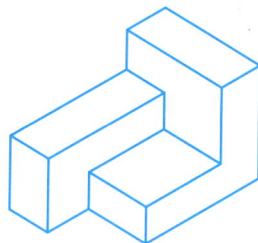

1-4-21　第 5 题
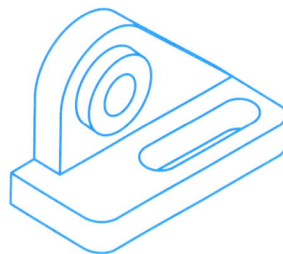

1-4-21　第 6 题
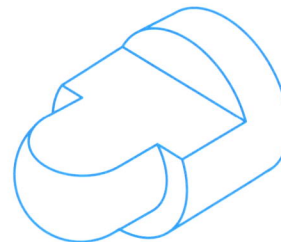

1-4-21　第 7 题
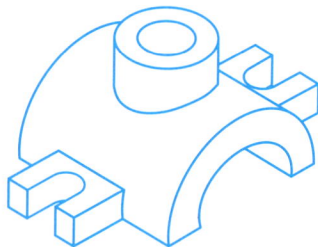

1-4-21　第 8 题
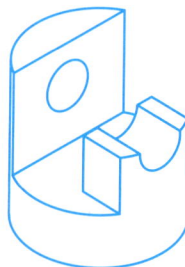

1-4-22　第 2 题
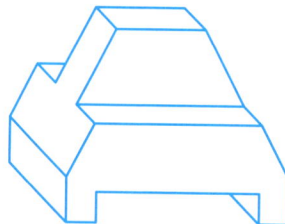

1-4-22　第 4 题
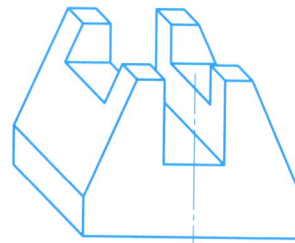

# 参 考 文 献

[1]  胡建生. 化工制图习题. 6 版. 北京：化学工业出版社，2024.

[2]  刘文平. 化工制图习题. 3 版. 北京：化学工业出版社，2024.

[3]  陆英. 化工制图习题集. 4 版. 北京：高等教育出版社，2024.

[4]  李平，蒋丹. 化工工程制图习题集. 3 版. 北京：清华大学出版社，2024.